Hhocine Larabi

Cristaux phononiques et métamatériaux acoustiques

Hhocine Larabi

Cristaux phononiques et métamatériaux acoustiques

Applications aux domaines du guidage, filtrage et de l'isolation phonique

Presses Académiques Francophones

Mentions légales / Imprint (applicable pour l'Allemagne seulement / only for Germany)
Information bibliographique publiée par la Deutsche Nationalbibliothek: La Deutsche Nationalbibliothek inscrit cette publication à la Deutsche Nationalbibliografie; des données bibliographiques détaillées sont disponibles sur internet à l'adresse http://dnb.d-nb.de.
Toutes marques et noms de produits mentionnés dans ce livre demeurent sous la protection des marques, des marques déposées et des brevets, et sont des marques ou des marques déposées de leurs détenteurs respectifs. L'utilisation des marques, noms de produits, noms communs, noms commerciaux, descriptions de produits, etc, même sans qu'ils soient mentionnés de façon particulière dans ce livre ne signifie en aucune façon que ces noms peuvent être utilisés sans restriction à l'égard de la législation pour la protection des marques et des marques déposées et pourraient donc être utilisés par quiconque.

Photo de la couverture: www.ingimage.com

Editeur: Presses Académiques Francophones est une marque déposée de Südwestdeutscher Verlag für Hochschulschriften GmbH & Co. KG
Heinrich-Böcking-Str. 6-8, 66121 Sarrebruck, Allemagne
Téléphone +49 681 37 20 271-1, Fax +49 681 37 20 271-0
Email: info@presses-academiques.com

Produit en Allemagne:
Schaltungsdienst Lange o.H.G., Berlin
Books on Demand GmbH, Norderstedt
Reha GmbH, Saarbrücken
Amazon Distribution GmbH, Leipzig
ISBN: 978-3-8381-8903-1

Imprint (only for USA, GB)
Bibliographic information published by the Deutsche Nationalbibliothek: The Deutsche Nationalbibliothek lists this publication in the Deutsche Nationalbibliografie; detailed bibliographic data are available in the Internet at http://dnb.d-nb.de.
Any brand names and product names mentioned in this book are subject to trademark, brand or patent protection and are trademarks or registered trademarks of their respective holders. The use of brand names, product names, common names, trade names, product descriptions etc. even without a particular marking in this works is in no way to be construed to mean that such names may be regarded as unrestricted in respect of trademark and brand protection legislation and could thus be used by anyone.

Cover image: www.ingimage.com

Publisher: Presses Académiques Francophones is an imprint of the publishing house Südwestdeutscher Verlag für Hochschulschriften GmbH & Co. KG
Heinrich-Böcking-Str. 6-8, 66121 Saarbrücken, Germany
Phone +49 681 37 20 271-1, Fax +49 681 37 20 271-0
Email: info@presses-academiques.com

Printed in the U.S.A.
Printed in the U.K. by (see last page)
ISBN: 978-3-8381-8903-1

N° Ordre 40599

THÈSE

Présentée à

L'Université de Lille 1 Sciences et Technologies

Par

Hocine LARABI

Pour l'obtention du

Grade de Docteur de l'Université

Spécialité Molécules et Matière Condensée-Sciences des Matériaux

CRISTAUX PHONONIQUES

ET METAMATERIAUX ACOUSTIQUES

APPLICATIONS AUX DOMAINES DU GUIDAGE, FILTRAGE

ET DE L'ISOLATION PHONIQUE

Laboratoire d'accueil : Institut d'Electronique, de Microélectronique, et de Nanotechnologies (IEMN)

Ecole doctorale : Sciences de la Matière, du Rayonnement et de l'Environnement (SMRE)

Soutenue le 27 octobre 2011

Membres du Jury

Rapporteurs :	Bernard BONELLO, Directeur de recherche CNRS, INSP, Paris.
	Vitali GOUSSEV, Professeur, LPEC, Université du Maine, Le Mans.
Examinateurs :	Abdelkrim KHELIF, Chargé de recherche CNRS, FEMTO-ST, Besançon.
	Didier LIPPENS, Professeur, IEMN, Université Lille 1.
Directeur de Thèse :	Bahram DJAFARI-ROUHANI, Professeur, IEMN, Université Lille 1.
Co-encadrant :	Yan PENNEC, Maître de conférences HDR, IEMN, Université Lille 1.

À la mémoire de mon père,

à ma mère,

à mes frères et sœurs,

à ma femme et à mes enfants …

Remerciements

Ce travail a été effectué pendant sept longues années au sein du laboratoire EPHONI de l'IEMN à Villeneuve d'Ascq.

Je tiens à remercier en premier lieu M. Djafari Rouhani Bahram, mon directeur de thèse, pour avoir accepté d'encadrer ce travail de recherche, dans des conditions peu communes. En effet, le temps consacré à ce travail étant ajouté à mes fonctions d'enseignement dans le secondaire que je poursuivais en parallèle, explique la durée inhabituelle pour mener à bien cette thèse. Je le remercie pour le temps qu'il m'a consacré, pour les connaissances scientifiques qu'il a partagées, pour tous les conseils prodigués tout au long de ce travail afin de diriger mes recherches.

Je veux également remercier vivement M. Pennec Yan qui m'a accompagné dans ce travail de recherche. Je tiens à le remercier particulièrement pour sa disponibilité, ses compétences, la confiance qu'il m'a témoignée tout au long de ces années. Je lui suis gré d'avoir accepté de partager son bureau, ainsi que pour ses qualités humaines indéniables.

Je les remercie tous les deux pour la patience et la compréhension dont ils ont fait preuve ensemble durant toutes ces années.

Je remercie les membres du jury pour m'avoir fait l'honneur d'y participer : Messieurs Bonello Bernard et Goussev Vitali pour avoir accepté de juger ce travail en étant rapporteur et Messieurs Khélif Abdelkrim et Lippens Didier pour l'intérêt qu'ils ont porté à ce travail en tant qu' examinateurs.

Je veux saluer maintenant l'accueil qui m'a été réservé dans le laboratoire. Je tiens à remercier tous les membres de l'équipe EPHONI qui m'ont soutenu tout au long de ce travail, Messieurs Akjouj Abdelatif, Dobrzynski Léonard, Vasseur Jérôme, Lévêque Gaëtan et Madame Hemon Stéphanie. Au cours de cette thèse, j'ai pu rencontrer de nombreuses personnes au laboratoire. Je remercie particulièrement Messieurs El Boudouti El Houssaine, El Hassouani Youssef, Noual Adnane et Foulon Michel pour leurs encouragements. Je souhaite aux doctorants, post-doctorants, Pierre Emmanuel, Aurélie, Didit et Changsheng une réussite dans leurs projets, et je les remercie pour leurs sympathies. Je veux remercier les personnes de la salle café pour les moments de détente autour du café du matin. Je remercie aussi le personnel de l'UFR de Physique pour leurs services.

Je tiens à remercier les différents principaux du collège Sévigné de Roubaix et leurs adjoints pour m'avoir aménagé un emploi du temps qui m'a permis de venir plus souvent au laboratoire. Je remercie bien sûr mes collègues du collège qui m'ont soutenu dans cette entreprise.

Je remercie ma famille et mes amis qui m'ont soutenu toutes ces années. Enfin, je ne remercierai jamais assez ma femme pour son irremplaçable et inconditionnel soutien.

Sommaire

Introduction générale.

Les cristaux phononiques ont suscité un intérêt croissant ces dernières années. Le double intérêt, fondamental et technologique, a aussi bien attiré les théoriciens que les expérimentateurs. La conception de matériaux, possédant des propriétés que l'on ne rencontre pas dans la nature ainsi que la compréhension des phénomènes entrant en jeu, représentent un challenge intéressant. Les développements réalisés dans le domaine des cristaux photoniques avec des ondes optiques ont permis de les transposer aux cristaux phononiques avec des ondes acoustiques. Plus récemment le développement des métamatériaux optiques a permis l'émergence des métamatériaux acoustiques.

Les cristaux phononiques sont des structures périodiques de l'espace qui présentent des bandes interdites de fréquence dans toutes les directions de l'espace pour une onde acoustique incidente. Les premières réalisations sont des inclusions solides dans une matrice fluide ou solide. Les mécanismes permettant l'existence ou non de bandes interdites ont été largement étudiés. Ces bandes interdites sont dues aux diffractions dites de Bragg à cause de la périodicité du cristal phononique. L'existence de ces bandes interdites a permis d'envisager le guidage d'ondes dans ces structures. Ce thème sera développé dans **le chapitre 1**. Nous avons étudié l'existence de bandes interdites dans un cristal phononique à deux dimensions constitué de cylindres d'acier dans l'eau. Nous avons alors montré les possibilités de guidage et de filtrage permises par ce cristal phononique. Nous présenterons également une structure originale conduisant à une application au démultiplexage. L'ensemble de ces simulations numériques ont été réalisées à l'aide de la méthode F.D.T.D. (Finite Difference Time Domain). Nous présenterons cette méthode de calcul dans **le chapitre 2**. Nous expliciterons le code et détaillerons le principe de cette méthode pour le calcul des courbes de dispersion, des coefficients de transmission, ainsi que des cartes de champs de déplacement. La méthode F.D.T.D. pour des structures à deux dimensions est assez efficace mais à trois dimensions elle devient coûteuse en temps de calcul. Nous avons utilisé, pour le système à trois dimensions étudié dans le dernier chapitre, la méthode des éléments finis grâce au logiciel Comsol Multiphysics acquis récemment.

Une manière différente de créer des gaps à basse fréquence par rapport aux gaps de Bragg est basée sur l'utilisation de résonances locales. Celles-ci permettent de produire des bandes interdites telles que les longueurs d'ondes acoustiques dans les constituants soient un ou deux ordres de grandeur au dessus de la taille caractéristique du cristal phononique. Cette propriété est utilisée pour produire un environnement insonore avec un faible encombrement spatial. L'existence de gaps larges à basse fréquence a été montrée dans l'équipe durant les années 90 à l'aide de résonances de bulles d'air dans l'eau, thème qui a connu un regain d'intérêt récemment [7]. En 2000, P. Sheng et son équipe [16] ont introduit le concept de cristaux à résonances locales en utilisant des matériaux ayant des constantes élastiques très différentes. Il s'agit de résonances locales d'inclusions constituées d'un cœur dur enrobé d'une couche d'un polymère mou dans une matrice solide. Plus tard, ces cristaux à résonances locales ont été intégrés dans la famille des métamatériaux acoustiques, qui peuvent présenter autour des fréquences de résonances des propriétés effectives négatives comme la masse et/ou la compressibilité. Dans ce contexte, nous présentons notre contribution à ce domaine dans **le chapitre 3**. Nous nous sommes intéressés à un cristal phononique à deux dimensions présentant des gaps basses fréquences dus à des résonances localisées. Le cristal étudié est constitué de cylindres concentriques de matériaux ayant des constantes élastiques très différentes, immergés dans une matrice fluide. Nous avons alors étudié les conditions d'existence des bandes interdites et leur évolution avec les paramètres physiques et géométriques du système. L'étude des propriétés effectives de ce cristal phononique autour de la première résonance montre que la masse effective peut prendre des valeurs négatives. Nous avons montré qu'en multipliant le nombre de sous couches, nous pouvions multiplier le nombre de zéros de transmission. Par la suite nous avons montré comment élargir ces zéros de transmission pour obtenir des bandes de fréquences interdites.

Dans la dernière partie de ce mémoire, les études se sont portées sur des structures d'épaisseur finie, sous forme de plaques, qui pourraient réaliser les mêmes fonctions que les structures infinies. Ces structures, constituées d'un réseau périodique de trous dans une plaque, ou, inversement, de plots sur une plaque ont montré la possibilité de produire des gaps absolus. Dans **le chapitre 4**, nous présentons une étude d'un cristal phononique à 3D qui possède en plus des gaps à très basse fréquence. Ce cristal phononique est original dans la mesure où, pour la première fois, un cristal d'épaisseur finie permet d'obtenir l'ouverture d'un gap très basse fréquence par rapport au gap de Bragg sans qu'il soit nécessaire pour cela d'avoir recours à des matériaux à très faibles vitesses acoustiques. Nous avons étudié les conditions d'existence des bandes interdites et leur évolution en fonction des paramètres géométriques et physiques. Puis, nous avons envisagé le guidage d'ondes dans cette structure en utilisant différents défauts structurels. Enfin, nous avons étudié la transmission entre deux substrats par l'intermédiaire d'un réseau périodique de piliers. Nous avons alors pu mettre en évidence une transmission dite exaltée, associée à une résonance de Fano, que nous avons caractérisée.

Introduction générale

Chapitre 1.

Les cristaux phononiques et leurs applications.

Les cristaux phononiques sont des structures périodiques qui, pour certains choix de matériaux et de géométries, présentent des bandes interdites acoustiques absolues, c'est à dire des bandes de fréquences interdites quelle que soit la direction de propagation de l'onde élastique incidente.

Dans ce chapitre, nous présenterons dans un premier temps un bref historique des cristaux phononiques et de leurs défauts (§1.1). Puis nous présenterons quelques résultats de notre contribution à l'étude de la propagation d'ondes dans des guides et l'obtention de filtres fréquentiels ainsi qu'une application originale au phénomène de démultiplexage (§1.2). Enfin, nous décrirons de manière non exhaustive quelques résultats récents de la littérature sur les applications et développements des cristaux phononiques (§1.3).

Sommaire :

1. Les cristaux phononiques

1-1 Bref historique

1-1.1 le cristal phononique à bandes interdites de Bragg

Les travaux autour du cristal photonique initiés par Yablonovitch et John en 1987 [1,2] ont montré la possibilité d'obtenir des bandes de fréquences interdites absolues pour des ondes électromagnétiques.

Dans ce contexte, le concept de cristal phononique fut introduit pour la première fois en 1993, presque simultanément par deux équipes, l'une constituée de M. S. Kushwaha, P. Halevi, L. Dobrzynski et B. Djafari-Rouhani [3] et l'autre de E. N. Economou et M. Sigalas [4]. L'idée est de produire des gaps acoustiques absolus pour certaines structures et certains matériaux, c'est-à-dire des bandes interdites quelle que soit la direction de propagation de l'onde élastique incidente. La structure se comporte comme un miroir réfléchissant, pour une onde dont la fréquence est dans le domaine de la bande interdite. L'intérêt premier de ces structures a été de créer des défauts pour confiner et plus généralement pour contrôler la propagation du son. Elles permettent des applications comme le guidage d'ondes, l'isolation acoustique…

L'étude de la propagation des ondes, aussi bien élastiques qu'électromagnétiques dans des structures périodiques, a permis de mettre en évidence des analogies et des différences. Ceci est récapitulé dans le tableau 1.1 d'après la référence [3].

La première étude a porté sur une structure 2D de cylindres d'aluminium incorporés dans une matrice de Nickel [3]. Dans la figure 1.1, la courbe de dispersion représente la fréquence réduite ($\frac{\omega a}{2\pi c}$) en fonction du vecteur d'onde réduit ($\frac{ka}{2\pi}$) où ω, a, k, c représentent respectivement la pulsation, le paramètre de maille, le vecteur d'onde et c la célérité de l'onde. On observe une bande interdite (hachurée) où il n'y aucune courbe de dispersion dans une zone de fréquence réduite autour de 0,6.

Les premières investigations ont été de comprendre le mécanisme de formation des bandes interdites et les paramètres géométriques et physiques qui contrôlent l'ouverture de ces gaps dans différents types de cristaux phononiques (2D, 3D, liquide/liquide, solide/solide, liquide/solide).

Property	"Electronic" crystal	"Photonic" crystal	"Phononic" crystal
Materials	Crystalline (natural or grown)	Constructed of two dielectric materials	Constructed of two elastic materials
Parameters	Universal constants, atomic numbers	Dielectric constants of constituents	Mass densities, sound speeds o.c. of constituents
Lattice constant	1-5 Å (microscopic)	0.1 μm-1 cm (mesoscopic or macroscopic)	Mesoscopic or macroscopic
Waves	de Broglie (electrons) ψ	Electromagnetic or light (photons) E, B	Vibrational or sound (phonons) u
Polarization	Spin $\uparrow, \downarrow$	Transverse: $\nabla \cdot D = 0$ ($\nabla \cdot E \neq 0$)	Coupled trans.-longit. ($\nabla \cdot u \approx 0, \nabla \times u \neq 0$)
Differential equation	$-\frac{\hbar^2}{2m}\nabla^2\psi + V(r)\psi = i\hbar\frac{\partial\psi}{\partial t}$	$\nabla^2 E - \nabla(\nabla \cdot E) = \frac{\epsilon(r)}{c^2}\frac{\partial^2 E}{\partial t^2}$	See Refs. [27,28]
Free particle limit	$W = \frac{\hbar^2 k^2}{2m}$ (electrons)	$\omega = \frac{c}{\sqrt{\epsilon}}k$ (photons)	$\omega = c_t, k$ (phonons)
Band gap	Increases with crystal potential; no electron states	Increases with $|\epsilon_a - \epsilon_b|$; no photons, no light	Increases with $|\rho_a - \rho_b|$, etc. no vibration, no sound
Spectral region	Radio wave, microwave, optical, x ray	Microwave, optical	$\omega \lesssim 1$ GHz

TABLE I. Band-structure-related properties of three periodic systems.

Tableau 1.1: tableau récapitulatif des analogies et différences entre des structures périodiques pour différents types d'onde [3].

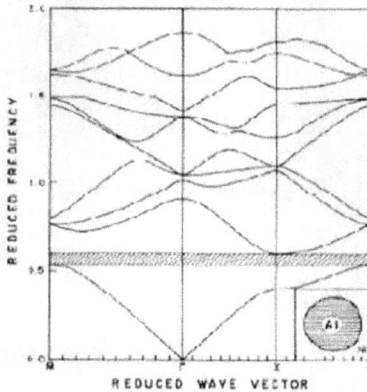

Figure 1.1: Courbe de dispersion d'un cristal phononique composé de cylindres d'aluminium dans une matrice de Nickel. En insert, schéma de la cellule unité. La zone hachurée représente la bande interdite absolue [3].

Dans le cas d'un cristal phononique à deux dimensions, les inclusions sont formées de cylindres de section quelconque que l'on peut disposer selon un réseau cristallographique choisi (réseau carré, hexagonal….). Les inclusions peuvent être de simples trous mais peuvent aussi être composées d'un autre matériau, différent de celui de la matrice hôte [5, 6, 7].

Par analogie avec le travail effectué sur les cristaux photoniques, où un contraste important entre les indices de réfraction était nécessaire, il a été montré que, dans le cas des cristaux phononique, l'existence et la largeur des bandes interdites absolues dépendaient fortement de la nature des constituants, du contraste entre les paramètres physiques (densité et constantes élastiques) entre les inclusions et la matrice, de la géométrie du réseau d'inclusion, de la forme des inclusions et du facteur de remplissage.

Les premières mesures expérimentales furent effectuées en 1995, sur une sculpture espagnole d'Eusebio Sempere (figure 1.2) par Martinez-Sala et al [8]. Cette sculpture est composée de tubes d'acier dans l'air disposés de manière périodique selon un réseau carré.

Figure 1.2 : Sculpture d'E. Sempere, exposée à la fondation Juan March à Madrid, utilisée pour les démonstrations expérimentales par Martinez-Sala [8].

Toutefois, cette structure n'admet que des bandes interdites partielles c'est à dire des fréquences interdites selon seulement certaines directions de l'espace. Mais les cristaux phononiques se définissent comme des matériaux ayant la possibilité de présenter des bandes interdites absolues, c'est à dire quelle que soit la direction de l'onde incidente. Les premières mesurent qui ont confirmé la possibilité d'obtenir des bandes interdites absolues, ont été présentées en 1998 par Sanchez-Perez et al [9] et Vasseur et al [10]. La structure solide/fluide présentée par les premiers est un système 2D carré ou hexagonal de cylindres d'acier dans l'air. Au delà de la mise en évidence expérimentale d'une bande interdite absolue, ils ont montré dans ces matériaux que certaines bandes de vibration ne conduisaient pas à une transmission de l'onde. Ces bandes, appelées bandes sourdes, ne peuvent pas être excitées avec une onde incidente longitudinale. Parallèlement, Vasseur et al ont démontré expérimentalement l'existence d'une bande interdite absolue dans une structure solide/solide de cylindre d'aluminium dans de l'époxy.

Simultanément Montero de Espinosa et al [11] ont montré la possibilité d'obtenir des bandes interdites absolues sans bandes sourdes dans une structure fluide/solide composée de cylindres de mercure dans une matrice d'aluminium.

Toutes ces structures présentent, sous certaines conditions géométriques et physiques, des bandes interdites qui proviennent de phénomènes de diffractions dits de Bragg qui résultent de la périodicité du cristal phononique. Ces bandes interdites présentent une fréquence centrale autour de $\dfrac{c}{2a}$, où c est la vitesse de propagation dans l'inclusion et a le paramètre de maille. L'obtention de bandes interdites dans le domaine audible à basse fréquence peut donc s'obtenir de deux façons : soit en augmentant le paramètre de maille a, soit en diminuant la vitesse de propagation c.

Le problème que posent ces structures est l'encombrement spatial qu'elles imposent, dès lors que l'on souhaite obtenir des bandes interdites dans le domaine des fréquences audibles. En effet, elles doivent avoir des tailles de l'ordre de la longueur d'onde du son audible, soit de quelques mètres. Par exemple, pour une structure composée de cylindres d'acier dans l'air, il faudrait un paramètre de maille a=0.34 m pour obtenir une bande interdite autour de la fréquence moyenne 1 kHz.

On peut montrer qu'en combinant plusieurs cristaux phononiques de périodes variables, il est possible d'obtenir une structure qui couvre toute la gamme des fréquences audibles par un chevauchement des gaps. La structure proposée par Kushwaha et al [12] permet d'obtenir un gap en fréquence compris entre 2 et 11 kHz.

Quelques autres voies ont été explorées comme l'utilisation de rangées d'arbres pour arrêter la propagation du son dans le domaine des fréquences audibles [13].

Cependant, pour expliquer l'existence de certains gaps, on ne peut pas exclure l'influence de résonances qui se produisent dans chaque inclusion et qui, couplée avec leurs voisins, permettent l'ouverture de gaps d'hybridation [14]. Psarobas et al ont mis en évidence de manière théorique, vérifié par la suite expérimentalement par Page [15], le mécanisme hybride de formation d'un gap. Ces travaux ont montré que la largeur des gaps n'est pas due uniquement aux diffractions de Bragg mais qu'elle est due à un couplage entre les résonances particulières de l'inclusion et celles de la structure périodique d'un milieu effectif homogène.

1-1.2 Les cristaux soniques à résonances locales

Afin d'obtenir des structures, de faible encombrement spatial, possédant des bandes interdites basses fréquences dans le domaine des fréquences audibles, les cristaux phononiques dits de Bragg ne sont pas de bons candidats.

Aussi, nous avons cherché d'autres structures qui pourraient convenir. L'idée est d'agir, non plus sur la géométrie (augmentation du paramètre de maille a), ni sur les paramètres physiques (diminution de la vitesse de propagation) mais de modifier l'effet physique de diffraction de l'onde par les inclusions périodiques. Le principe physique mis en avant dans le chapitre trois de ce manuscrit s'appuie sur la résonance localisée de l'onde à l'intérieur des inclusions.

Le premier cas étudié est celui d'une structure 2D (puis 3D) de cylindres d'air (de bulles d'air) dans l'eau [7]. Dans cette étude, pour un taux de remplissage intermédiaire (entre 10 et 55%), il a été montré que l'existence de bandes interdites larges à basses fréquences était due aux modes de résonances des bulles d'air seules. Ceci a été rendu possible grâce au contraste de densité entre l'air et l'eau. Dans ce cas de figure, pour le gap basse fréquence, la période du cristal phononique est inférieure à celle de la longueur d'onde dans l'eau. Ceci a été interprété plus tard comme une réponse anormale des bulles d'air à une excitation extérieure : les bulles d'air grossiraient alors qu'elles sont soumises à une compression et vice versa. Par la suite, afin de rendre réalisable techniquement cette structure, nous avons envisagé un polymère fin qui enveloppe les cylindres d'air dans l'eau. Ce système, composé de tubes cylindriques de polymère remplis d'air dans une matrice d'eau, présente un gap large et basse fréquence [1 à 10 kHz] pour un réseau de période a=20 mm, illustré par la courbe de transmission de la figure 1.3. En 2009, des cristaux phononiques constitués de bulles dans une matrice molle ont été réalisés [7] par V. Leroy et al.

Le concept de cristaux soniques à résonances locales a été introduit par Z. Liu et al [16]. Ces auteurs ont montré la possibilité d'ouvrir un gap basse fréquence dans une gamme très inférieure à celle des gaps de Bragg. Ces cristaux à résonances localisées ont été appelés L.R.P.C. (Locally Resonant Phononic Crystal).

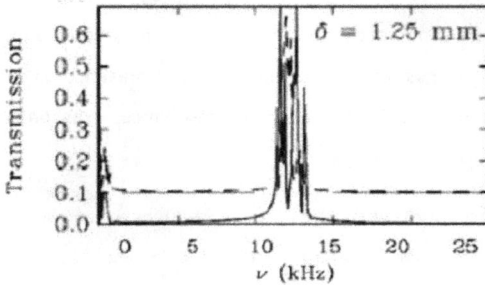

Figure 1.3 : Courbe de transmission dans la direction ΓX obtenue pour un cristal phononique constitué de tubes de polymère remplis d'air dans une matrice d'eau. L'épaisseur du polymère est de 1.25mm pour un réseau carré de paramètre de maille 20mm. En pointillée, courbe de transmission dans la direction ΓM [7c].

Le cristal phononique étudié (figure 1.4) est constitué de cellules élémentaires composées d'un cœur « dur » recouvert d'un matériau « mou » dans une matrice de matériau « dur ». Le cœur est une sphère de plomb de 1 cm de diamètre, recouverte d'une couche de caoutchouc mou (silicon rubber) de 0.25 mm d'épaisseur, dans une matrice d'époxy

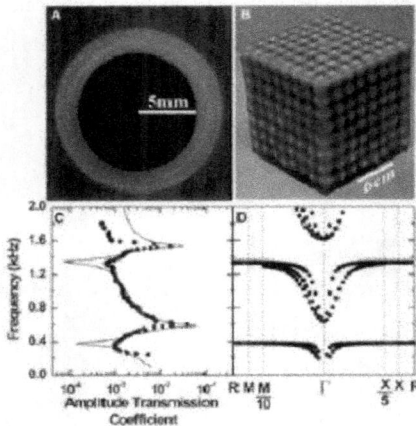

Figure 1.4 : (A, B) Sphère de plomb entourée d'une couche de polymère mou dans une matrice d'époxy. Courbes de coefficient de transmission (C) et de dispersion (D) entre 0 et 2 kHz [16].

21

Les auteurs ont étudié la propagation du son dans une structure cubique 3D de paramètre de maille égal à 15.5 mm. La figure 1.4 donne la courbe de transmission (C) et la courbe de dispersion (D) qui mettent en évidence deux gaps absolus, aux basses fréquences de 0.4 kHz et 1.3 kHz. Ce résultat est d'autant plus remarquable que la longueur d'onde dans l'époxy à la fréquence de 0.4 kHz est de 6.4 m, ce qui correspond à 400 fois le pas a du réseau cristallin. Par comparaison, à cette fréquence, dans le polymère, la longueur d'onde est 60 mm soit environ 4 a. Ce résultat est directement lié à la présence du caoutchouc mou entre les deux matériaux durs, qui conduit à des résonances très basses fréquences localisées dans l'inclusion.

Ces fréquences de résonances sont dites à très basses fréquences car elles se produisent à des fréquences deux ordres de grandeur inférieurs à celles de Bragg.

Ces résonances localisées ont fait l'objet de plusieurs travaux conduisant à la caractérisation de l'origine des modes de vibration [17-24]. Ces études ont donné une explication physique de l'ouverture des gaps sur le modèle de résonateurs. Une manière simple de caractériser la résonance à la fréquence de 0.4 kHz, a été de considérer le mouvement relatif du cœur de l'inclusion par rapport à la matrice considérée comme rigide. Le polymère joue alors le rôle d'un ressort. Au passage de la résonance, on observe un mouvement du cœur de l'inclusion en opposition de phase par rapport à l'onde incidente appliquée. La figure 1.5. illustre schématiquement le cas avant la résonance, où l'onde incidente est en phase avec le mouvement de la cavité (a) puis, celui après la résonance où l'onde incidente est en opposition de phase avec le mouvement de la cavité (b). P. Sheng et son équipe ont montré par la suite qu'autour de la fréquence de résonance, la partie réelle de la densité de masse effective devenait négative.

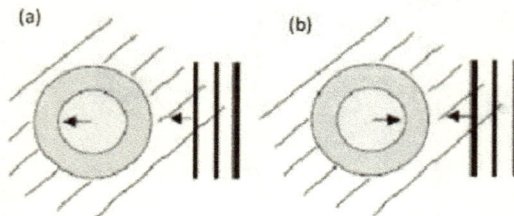

Figure 1.5: (a) Le cœur de l'inclusion oscille en phase avec l'onde incidente dans la matrice. (b) Le cœur oscille en opposition de phase avec l'onde [17].

C'est un résultat important, car il contredit l'idée première que la densité effective est la moyenne des densités des constituants. On peut expliquer cela comme le résultat de l'interaction d'un mode collectif de vibration et d'un mode individuel de l'inclusion qui entre en résonance.

Dans le chapitre trois, nous présenterons notre contribution à ce domaine en étudiant un cristal phononique qui possède plusieurs résonances localisées à basses fréquences. Les L.R.P.C. présentent donc deux applications potentielles. La première est la possibilité d'obtenir des gaps très basses fréquences tout en présentant un encombrement spatial réduit. Cette propriété fait des L.R.P.C. de très bons candidats pour l'isolation phonique dans le domaine audible. La seconde application porte sur les propriétés négatives des paramètres effectifs des L.R.P.C. Un intérêt certain est constaté ces dernières années sur les métamatériaux acoustiques que nous aborderons plus loin [18-22].

Pour conclure, nous pouvons distinguer deux types de cristaux phononiques qui se différencient par la comparaison de leur paramètre de maille avec la longueur d'onde de l'onde incidente mise en jeu. Ces deux types de cristaux phononiques conduisent à des bandes interdites dont les effets physiques sont d'origine très différente:

- Lorsque la longueur d'onde dans le cristal phononique est de l'ordre du paramètre de maille, on parle de diffraction de type Bragg ($\lambda \approx a$).

- Lorsque la longueur d'onde est au moins un ordre de grandeur au dessus du paramètre de maille, on parle de résonance localisée ($\lambda > a$).

1-2 Applications des cristaux phononiques au guidage et au filtrage.

1-2.1 Un cristal phononique constitué de cylindres d'acier dans l'eau

Mes premiers travaux portent sur les applications des cristaux phononiques dans le domaine du guidage et du filtrage. Les calculs numériques ont été réalisés en utilisant la méthode des différences finies (F.D.T.D.) détaillée dans le chapitre deux.

Le cristal phononique à deux dimensions étudié est constitué de cylindres d'acier de diamètre 2.5 mm, insérés dans de l'eau, et disposés selon un réseau carré de paramètre de maille 3 mm (figure 1.6.a). Le facteur de remplissage, défini par $\beta = \dfrac{\pi r^2}{a^2}$, est de 55% et correspond à un rayon des cylindres r=1.25 mm. L'onde incidente est une onde plane longitudinale, uniforme selon la direction *X* et présentant un profil gaussien de propagation selon la direction *Y*. La courbe de transmission à travers le guide est calculée en fonction de la fréquence et elle est représentée figure 1.6a. Du fait d'un fort contraste entre les impédances acoustiques des deux milieux en présence (acier et eau), le cristal phononique présente une bande interdite en fréquence entre 250 kHz et 310 kHz. La courbe de dispersion (figure 1.6b) calculée dans les trois directions de haute symétrie de la zone de Brillouin, met en évidence un gap absolu. Des mesures expérimentales ont été réalisées à l'institut FEMTO-ST de Besançon [25]. Elles ont été effectuées sur un cristal phononique parfait de dix périodes de long. Il consiste en un arrangement bidimensionnel de cylindres d'acier disposés sur un réseau base carrée, plongés dans une cuve d'eau. Les courbes de transmission ont été calculées (figure 1.6.a) et mesurées pour confronter la simulation avec l'expérience. Une bonne correspondance entre les mesures expérimentales et les calculs numériques a été observée.

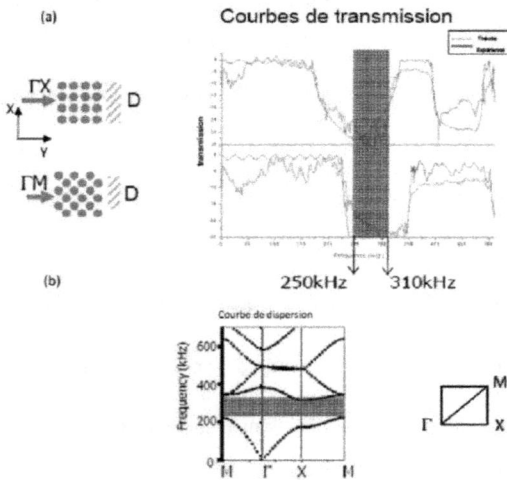

Figure 1.6 : (a) Représentation schématique d'un cristal phononique formé de cylindres d'acier dans l'eau selon les directions principales de la zone de Brillouin ΓX et ΓM du réseau carré. (D représente la position du détecteur) et courbes de transmission selon les directions ΓX et ΓM. En rouge, les mesures expérimentales et en bleu, les calculs numériques. (b) courbe de dispersion. Mise en évidence d'un gap absolu dans la gamme [250, 310 kHz] en violet sur les deux courbes.

1-2.2 Guide droit obtenu en enlevant une rangée de cylindres

Le guidage des ondes acoustiques peut être obtenu simplement en introduisant un défaut linéaire structurel qui consiste à enlever une rangée de cylindres dans la direction de propagation (figure 1.7a). Sur la courbe de transmission de la figure 1.7b, la partie hachurée représente la bande interdite du cristal phononique parfait définie dans la gamme de fréquence [250, 310 kHz]. L'introduction du guide droit conduit à l'observation d'une transmission à l'intérieur de cette bande interdite. Ce guide permet la propagation, sans pertes, d'ondes de fréquences appartenant à la bande interdite du cristal parfait.

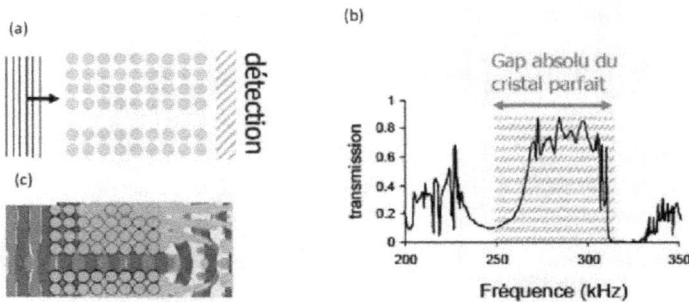

Figure 1.7 : (a) Représentation schématique d'un guide droit obtenu en enlevant une rangée de cylindres dans la direction de propagation (b) Spectre de transmission dans la gamme de fréquences [200, 350kHz] à travers un guide droit. (c) Carte de champ de déplacement pour une onde incidente à 290kHz. En rouge et violet, les amplitudes maximales et minimales respectivement du champ de déplacement.

La localisation de l'onde peut être visualisée de façon directe par une excitation incidente monochromatique à une fréquence de transmission choisie (figure 1.7c). Le calcul du champ de déplacement dans la direction de propagation pour une onde incidente monochromatique à 290 kHz montre un confinement du mode dans le guide avec une pénétration faible dans le cristal.

1-2.3 Filtre à réjection.

La présence d'une cavité, appelée stub, modifie de manière significative la transmission à travers un guide (figure 1.8a). L'insertion d'un stub, sur le côté du guide droit fait apparaître autour de la fréquence 290kHz, un zéro de transmission et modifie le reste de la transmission. Le calcul du champ de déplacement à la fréquence f=290 kHz montre que l'onde incidente pénètre dans le guide, interagit avec la cavité avant d'être fortement réfléchie puis renvoyée à l'entrée du cristal. En sortie, le signal transmis est quasi nul à cette même fréquence. En résumé, le mode propre de la cavité a été utilisé avantageusement pour introduire une fréquence interdite dans la bande passante du guide d'onde. On a alors réalisé un filtre à réjection.

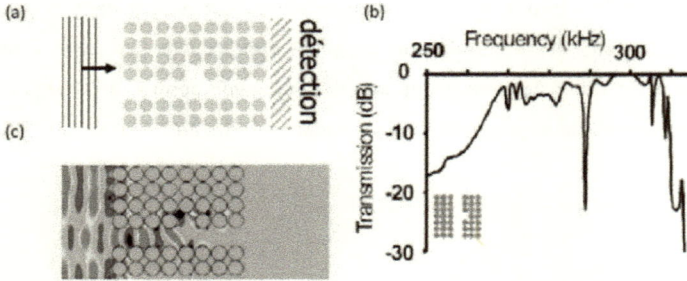

Figure 1.8: (a) Représentation schématique d'un stub sur le coté du guide droit. (b) Spectre de transmission dans la gamme de fréquences [250, 325 kHz] d'un guide couplé à une cavité latérale. (c) Carte de champ de déplacement pour une onde incidente à 290 kHz.

1-2.4 Filtre sélectif.

L'insertion d'une cavité (figure 1.9.a) dans le cristal phononique parfait, obtenue en retirant un cylindre du réseau parfait, met en évidence une transmission autour de la fréquence de 290 kHz dans le domaine de fréquence interdite du cristal parfait (figure 1.9.b). La fréquence correspond à la fréquence de résonance de la cavité. L'onde incidente a excité par évanescence le mode propre de la cavité produisant une transmission par effet tunnel à la fréquence de résonance de 290 kHz. Nous définissons ici un filtre sélectif.

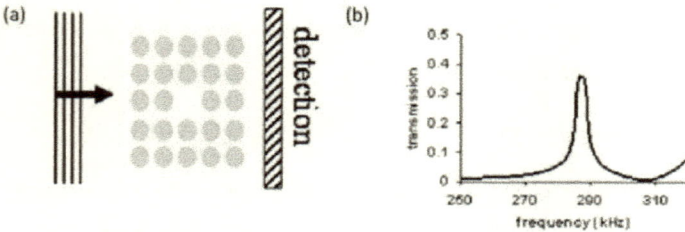

Figure 1.9: (a) Représentation schématique d'une cavité dans le cristal phononique. (b) Spectre de transmission dans la gamme de fréquences [250, 325 kHz] à travers une cavité.

La même cavité, placée à l'intérieur du guide, permet d'obtenir une transmission à la fois guidée et sélective [26]. Ainsi, une même cavité peut avoir deux effets opposés selon qu'elle est incorporée à l'intérieur ou placée sur le côté du guide d'onde conduisant à une application de filtre à réjection et sélectif par excitation du mode résonant de la cavité.

1-2.5 Transfert d'ondes acoustiques entre deux guides parallèles.

L'objectif est d'extraire une fréquence spécifique d'un guide et de la transférer à un autre guide à travers un élément couplant (figure 1.10.a). Le dispositif présenté schématiquement figure 1.10.b est composé de deux guides d'onde parallèles et d'un élément de couplage. L'élément couplant est constitué de deux cavités isolées, en interaction avec des résonateurs simples (stubs) localisés sur les côtés des guides d'ondes. L'idée se base sur les travaux réalisés en photonique par Johanopoulos et al [27]. Le but est de faire interagir les cavités de l'élément couplant à la fois entre elles mais également avec les guides parallèles. Les stubs disposés sur le côté du guide permettent d'augmenter l'interaction entre les cavités et les guides. Le choix de cette géométrie a de plus été déterminé par le fait que la cavité isolée et le résonateur simple accolé au guide d'onde présentent une même fréquence de résonance à 290 kHz.

L'onde incidente est un pulse longitudinal avec un profil gaussien selon les directions X et Y. Dans la direction X, le signal incident couvre l'entrée du port 1, laissant le port 4 sans excitation. Les courbes de transmission, représentées figure 1.10.c, ont été enregistrées aux ports 2, 3 et 4. Nous observons que la transmission directe par le port 2 tombe à zéro à la fréquence de 290 kHz. Parallèlement, un pic significatif de transmission apparaît à la sortie 3, d'une amplitude comparable à la perte d'amplitude de la sortie 2. La transmission au port 4 reste très faible à cette fréquence. Cela signifie que, à la fréquence de 290 kHz, le signal entrant par le port 1 est essentiellement transféré dans le second guide vers la sortie 3, laissant les autres sorties (2 et 4) avec un signal relativement faible. En d'autres termes, le signal incident est transmis par effet tunnel à travers l'élément couplant dans le second guide.

Pour obtenir une confirmation directe du phénomène de démultiplexage, nous avons simulé une onde incidente monochromatique à la fréquence de 290 kHz. La cartographie du champ de déplacement pour la composante longitudinale de l'onde acoustique est présentée figure

1.10.d. Le transfert de l'onde incidente du port 1 vers le port 3 est clairement observé ainsi qu'une absence de signal aux ports 2 et 4.

Nous avons vérifié expérimentalement ces prédictions théoriques par une mesure des transmissions dans le domaine ultrasonore correspondant à un paramètre de maille du réseau phononique de 2.5 mm (Figure 1.10.e). Il s'agit d'un travail réalisé en collaboration avec l'institut FEMTO de Besançon. La mesure des courbes de transmission expérimentales ont montré un bon accord avec les prédictions théoriques.

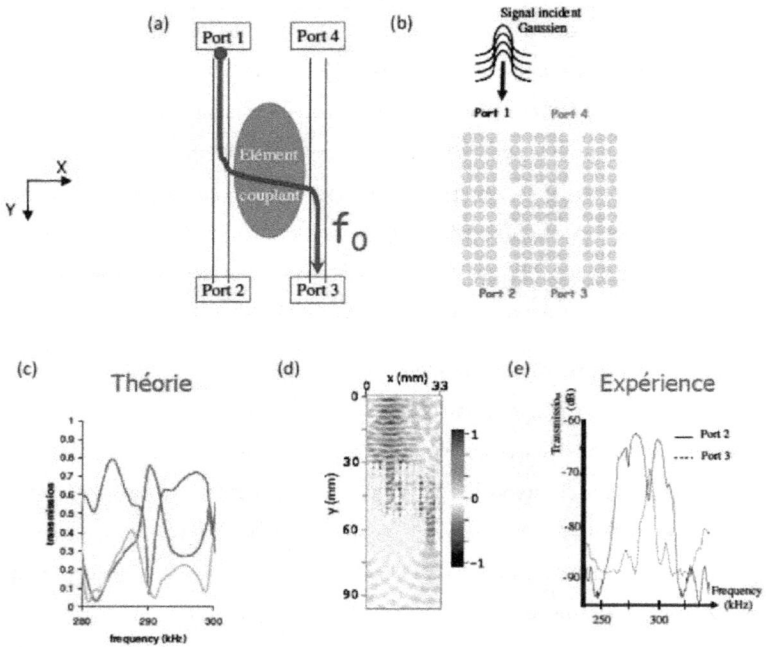

Figure 1.10 : *(a) Schéma de principe d'un démultiplexeur d'ondes. (b) Vue schématique d'un cristal phononique formé de deux guides d'onde parallèles reliés entre eux par un élément couplant constitué de deux lacunes. Les stubs le long des guides assurent l'efficacité du couplage. Les extrémités des guides sont labellisées de 1 à 4. (c) Spectre de transmission aux ports 2, 3 et 4 pour un signal gaussien venant du port 1. A la fréquence de 290 kHz, l'onde incidente passe du premier au second guide. (d) Carte du champ de déplacement U_y à la fréquence monochromatique 290 kHz. Le champ de déplacement est moyenné sur une période d'oscillation. La couleur rouge (bleue) correspond à la valeur positive (négative) du champ de déplacement. (e) Mesures expérimentales de la transmission à travers le dispositif de la Fig. 1.10.b.*

1-3 Développements récents.

1-3.1 les ondes de surface.

Les cristaux phononiques, présentés précédemment, concernent des ondes acoustiques de volume. Depuis 1998, l'étude des ondes acoustiques de surface des cristaux phononiques 2D a été menée par différents groupes. Plusieurs années auparavant, en 1983, les ondes de Rayleigh d'un super réseau coupé selon la tranche (c'est à dire un cristal phononique avec une périodicité à une dimension parallèlement à la surface) avaient été étudiées [28]. Le premier groupe qui a montré théoriquement l'existence d'ondes acoustique de surface pour un cristal phononique 2D est celui de Tanaka et Tamura [29,30]. D'autres études, soit théoriques, soit expérimentales ont montré l'existence de bandes interdites complètes [33-35]. L'intérêt croissant porté sur les ondes de surface vient du fait qu'elles sont confinées sur une région limitée. En effet, les modes de surfaces peuvent être exploités pour réaliser des guides d'ondes en surface, des filtres fréquentiels, des miroirs acoustiques, des transducteurs, des lentilles acoustiques …

Des études expérimentales menées par Meseguer et al [31] ont montré l'atténuation des ondes de surface sur une plaque de marbre percée de trous. Vines et al [32] ont utilisé des ondes de surface pour déterminer des propriétés élastiques des cristaux phononiques.

A partir de 2006, plusieurs groupes [36-40] ont montré qu'on pouvait avoir des bandes interdites dans des lames minces sous certaines conditions comme l'épaisseur des lames, le réseau choisi, les matériaux… Cet aspect sera discuté dans le chapitre 4 à partir d'une nouvelle structure de cristal phononique d'épaisseur finie constituée de plots déposés sur une membrane.

Le guidage d'ondes de surface a aussi été envisagé ; nous aborderons le sujet dans le chapitre 4. Parallèlement, de nombreuses études [41-46] se sont portées sur l'intégration de ces structures dans des transducteurs, des applications hautes fréquences, des filtres, des guides d'ondes dans des membranes…

1-3.2 la transmission extraordinaire.

Les travaux effectués par T.W.Ebbesen [47], en 1998, ont montré que des films métalliques opaques, percés de trous sublongueur d'onde entourés d'une structure périodique, peuvent transmettre la lumière avec une efficacité plus élevée que ce que prédit la théorie pour un trou simple. Cette transmission extraordinaire est due à un fort couplage de la lumière avec les plasmons de la surface excités au voisinage des ouvertures. Dans ce contexte, des équipes se sont penchées sur une application de ce phénomène aux ondes acoustiques. Un groupe de l'université de Madrid [48] a mis en évidence une collimation des ondes acoustiques à l'aide des ondes de surfaces (figure 1.11.). Il a attribué ce phénomène à un couplage entre l'onde incidente, les modes de Pérot-Fabry de l'ouverture et les ondes acoustiques de surface.

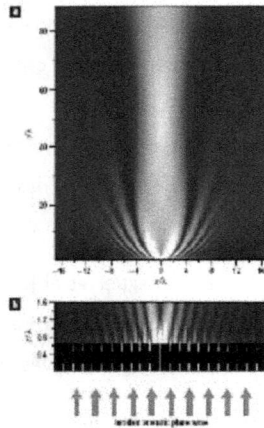

Figure 1.11 Collimation du son par des ondes acoustiques de surface obtenue sur une structure périodique en créneau coupée en deux par une fente [48].

Ce phénomène a aussi été interprété parallèlement par Lu et al [49] sur une structure équivalente. Ces auteurs ont attribué ce phénomène de transmission extraordinaire à l'excitation des ondes acoustiques évanescentes de surface couplés aux modes Fabry-Pérot à l'intérieur des ouvertures [49,50]. Sur le même thème, nous nous sommes intéressés à la transmission entre deux substrats séparés par un réseau de piliers [51]. Nous avons pu observer une transmission extraordinaire que nous avons interprétée et qui sera développée au chapitre 4 (§ 4.6).

Les applications de ce phénomène de transmission extraordinaire sont nombreuses pour la réalisation de filtres acoustiques ou encore de collimateurs acoustiques.

1-3.3 Les lentilles acoustiques.

Les lentilles acoustiques solides pour la propagation d'ondes acoustiques dans l'air ne peuvent exister dans la mesure où ces ondes seraient fortement réfléchies, l'impédance acoustique des solides étant très grande devant celle de l'air (contrairement aux lentilles optiques où l'indice des verres est proche de l'air). Les cristaux phononiques présentent des structures pour lesquelles les impédances du cristal peuvent être choisies proches de celles de l'air.

L'utilisation des cristaux phononiques pour mettre en évidence des phénomènes physiques comme la collimation ou la focalisation des ondes acoustiques a d'abord été étudiée par Cervera et al [52] en 2002. En effet, ces auteurs ont montré la possibilité de fabriquer une lentille acoustique biconvexe qui peut focaliser une onde plane incidente au point focal (figure 1.12). Ce modèle se base sur celui des lentilles convergentes utilisées en optique géométrique. Le phénomène physique associé à la convergence est une réfraction positive classique.

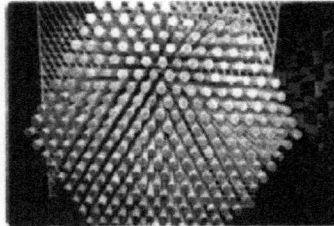

Figure 1.12 : Schéma d'un cristal phononique avec lequel on réalise une réfraction positive et négative. Échantillon hexagonal utilisé par l'équipe de Cervera [52] constitué de cylindres d'aluminium.

Page et al se sont inspirés du phénomène de réfraction négative étudié d'abord en photonique (left handed materials) pour focaliser naturellement un faisceau incident divergent à l'aide d'un échantillon plan de cristal tridimensionnel [53-54]. On utilise ici la courbure négative des branches $\omega(k)$ des courbes de dispersion. Cela permet la réalisation de lentille plate et devrait permettre d'accroître la résolution d'image.

Cependant, ce phénomène de réfraction négative dépend beaucoup de la fréquence d'excitation, et peut conduire à un étalement plutôt qu'à une focalisation précise. Comme pour les cristaux photoniques mains gauches où on a prévu une super résolution des lentilles optiques en utilisant le champ évanescent de la source, l'équipe de Page [55] a montré expérimentalement et théoriquement la possibilité pour les lentilles acoustiques d'obtenir une super résolution. Récemment, l'équipe de J. Zhu [56] a réalisé une structure à 3 dimensions qui permet d'obtenir une image sub-longueur d'onde. Une lentille constituée de trous dans une plaque qui combine le couplage entre des résonances Pérot-Fabry des trous de la plaque et du champ évanescent permet d'atteindre des dimensions de l'ordre de $\dfrac{\lambda}{50}$.

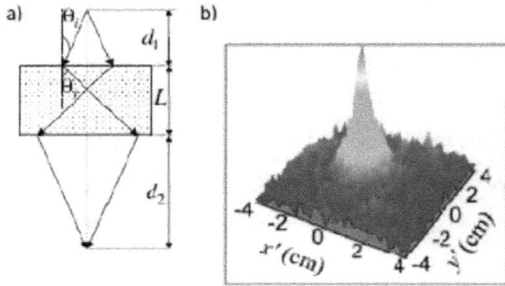

Figure 1.13 : a) Schéma de la réfraction négative obtenue par l'équipe [53] à partir d'un cristal phononique de sphères de carbure de tungstène dans l'eau. b) Carte de champ qui permet de constater la focalisation obtenue.

La réfraction négative a été aussi étudiée pour les ondes de surface de l'eau [57]. Dans la figure 1.14, Les zones noires et blanches représentent les amplitudes des déplacements respectivement négatives et positives.

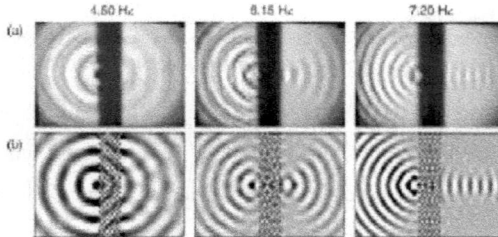

Figure 1.14 : a) Photos des ondes de surfaces de l'eau obtenues expérimentalement. b) Calculs numériques avec en rouge la position du cristal phononique constitue de plots cylindrique de cuivre dans l'eau. En noir et blanc les amplitudes positives et négatives [57].

Le rectangle au centre représente le cristal phononique composé de cylindres de cuivre selon un réseau carré dans la direction ГМ. A la fréquence de 4.50 kHz, ils obtiennent une réfraction positive et à 6.15 et 7.20kHz, une réfraction négative conduisant respectivement à une focalisation et une collimation d'un faisceau incident.

Une lentille acoustique à gradient d'indice a aussi été proposée [58]. Cette lentille est composée de cylindres rigides (métalliques) et de cylindres mous d'aérogel (gel de faible densité composé de gaz) disposés selon un réseau carré dans l'air (figure 1.15). Il s'agit de faire varier l'indice effectif par une variation progressive du rayon des cylindres à l'intérieur du cristal phononique. Le principe physique associé correspond à une variation d'indice dans l'espace de type mirage ou fibre optique. Dans l'exemple de la figure 1.15, ce principe est utilisé pour la réalisation d'une focalisation d'un signal incident.

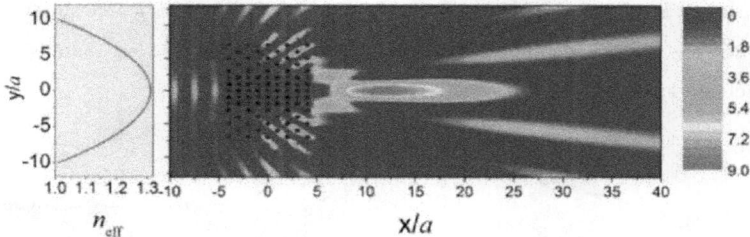

Figure 1.15 : Indice de réfraction qui varie selon la verticale avec le diamètre des cylindres. A droite, focalisation d'une onde acoustique représentée par un champ de pression [58].

1-3.4 Les métamatériaux acoustiques.

Les métamatériaux acoustiques ont été introduits par analogie avec les métamatériaux optiques. Ce sont des structures artificielles qui possèdent des propriétés physiques nouvelles comme la possibilité d'obtenir des indices de réfraction négatifs. Ces matériaux « négatifs » ainsi que les conséquences physiques de ces phénomènes et leurs applications possibles attirent une attention considérable.

En électromagnétisme, la permittivité diélectrique (ε) et perméabilité magnétique (μ) décrivent la réponse d'un milieu aux champs externes et régissent ensemble la propagation des ondes.

Les matériaux usuels ont une permittivité diélectrique ε et une perméabilité μ positives. Le métamatériau optique est une découverte assez récente, le terme étant apparu seulement en 1999. Bien que la physique régissant son fonctionnement fût élaborée dans les années 1960 par le physicien russe V. Veselago [597], la première réalisation de ce concept n'est apparue qu'en l'an 2000 [60]. L'indice de réfraction (n) est donné par n= $\sqrt{\varepsilon\mu}$. Si ε ou μ est négatif, alors n devient imaginaire et l'onde ne peut pas propager. Cependant si ε et μ sont simultanément négatifs (double négativité) [59] alors les ondes peuvent se propager, mais avec un indice de réfraction effectif négatif conduisant à la propriété de réfraction négative. Pendry [60] a proposé un modèle de matériau (réalisé par Smith [61]) qui combinerait ces deux propriétés. Pour des ondes électromagnétiques, ε négatif existe avec des matériaux naturels, mais μ négatif doit être réalisé artificiellement. Dans la figure 1.16.c, la tige métallique (wire) assure la résonance électrique et permet d'obtenir ε négatif. L'obtention de μ effectif négatif est réalisée à partir d'un type de résonateurs à anneau fendu [60,61]. L'ensemble permet d'obtenir la double négativité et former ces matériaux appelés « métamatériaux ».

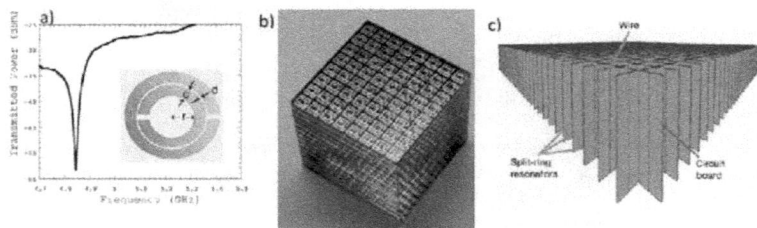

Figure 1.16 (a) Résonateurs à anneau dédoublé (Split Ring Resonator) qui assure μ effectif négatif. (b) Matériau à indice négatif qui combine les 2 négativités et (c) schéma d'une coupe de ce matériau [61].

Ces matériaux « doublement négatif » sont caractérisés par le fait que le vecteur de Poynting $\vec{S}$ et le vecteur d'onde $\vec{k}$ sont dans des directions opposées ($\vec{S}.\vec{k}$ < 0). Ces matériaux de « Veselago » sont parfois appelés des matériaux mains gauches, mais le terme de milieu « double négatif » est plus significatif.

La question de la faisabilité d'un tel matériau pour les ondes acoustiques s'est posée. Par analogie, la masse volumique ρ, et le module de compressibilité κ, sont les paramètres à considérer en acoustique. En considérant une solution d'onde plane de vecteur d'onde $\vec{k}$ à l'intérieur d'un milieu homogène, l'indice de réfraction n devrait être défini par $k = |n|\dfrac{\omega}{c}$, où

$n^2 = \rho/\kappa$. Par conséquent, pour qu'il puisse y avoir propagation des ondes planes à l'intérieur du milieu, nous devons avoir soit les deux paramètres ρ et κ positifs soit les deux négatifs simultanément. Un milieu « négatif » pour les ondes acoustiques exigera à la fois une densité et un module de compressibilité négatif en même temps. Nous notons en particulier que la densité ρ effective négative signifie que $\vec{S}$ et $\vec{k}$ doivent se diriger dans des directions opposées. La négativité simultanée du module κ et de la densité ρ assure la propagation des ondes. Si l'un d'entre eux est négatif, il y aura des bandes de fréquences interdites. S'ils le sont ensembles, il se produira une propagation avec un indice de réfraction négatif et une vitesse de groupe négative. Pour les ondes acoustiques, ni le ρ négatif ni le κ négatif n'existent pour des matériaux naturels. Ils doivent par conséquent dériver de résonances artificielles. Physiquement, ceci signifie que le milieu possède une réponse anormale pour certaines fréquences, telles qu'il augmente de volume s'il est soumis à une compression (compressibilité effective négative) ou encore un déplacement vers la gauche en étant poussé vers la droite (masse effective négative).

Les applications des métamatériaux sont nombreuses (le filtrage, le guidage, la propagation par effet tunnel, la réfraction négative, les superlentilles, l'invisibilité...) et sont, sur le modèle de la photonique, très prometteurs. La figure 1.17 représente une application de l'invisibilité acoustique réalisée par Cummer et al [62]. Sur la première figure, l'onde est envoyée dans le milieu homogène. Sur la seconde, on observe la diffusion de cette onde par un objet diffusant et enfin, sur la troisième, la diffusion de cet objet recouvert d'une cape d'invisibilité. L'onde est reconstituée après l'objet.

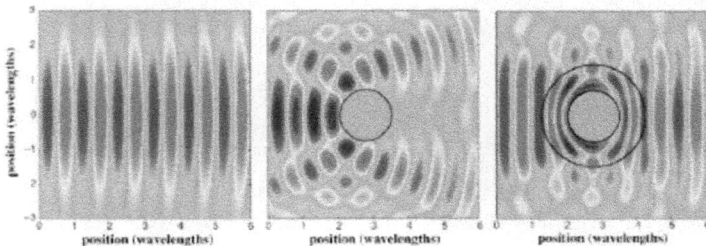

Figure 1.17 : Carte de la pression acoustique pour une onde qui ne rencontre aucun cylindre, avec un cylindre et un cylindre recouvert d'une cape d'invisibilité [62].

Récemment, il a été montré qu'un cristal phononique avec une structure résonante locale possédait une densité de masse effective négative autour de la fréquence de résonance.

Le cas étudié par Liu et Sheng [16], présenté au paragraphe 1.1.2, est celui de ρ<0 obtenu avec le cristal phononique à résonances localisées. Le calcul pour le modèle étudié [18, 22, 63] montre que la masse effective est négative autour de la fréquence de résonance (figure 1.18). Physiquement, lors de la résonance, le cœur et la couche extérieure constitués de matériaux rigides vibrent en opposition de phase, le polymère jouant le rôle du ressort. Dans le chapitre trois, nous ferons une étude des paramètres effectifs de notre structure. Nous montrerons aussi que cette structure, présente des paramètres effectifs qui peuvent changer de signe autour des résonances locales.

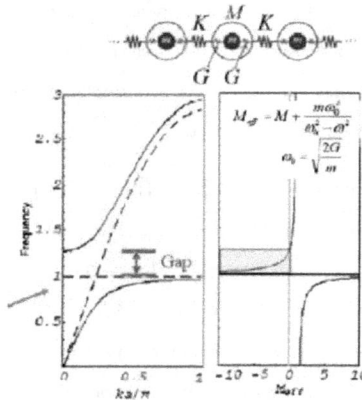

Figure 1.18 : Modèle analytique proposé constitué de masses et de ressorts [63]. Ouverture d'un gap de fréquence et mise en évidence de la masse effective négative.

Une seconde illustration est celle pour laquelle la vitesse de groupe négative est obtenue avec des résonateurs de Helmholtz à 1D [64]. Ce résonateur en aluminium est composé d'une cavité rectangulaire et d'un col cylindrique rempli d'eau. Il a été montré qu'un métamatériau se composant d'une rangée de résonateurs de Helmholtz possédait un coefficient de compressibilité négatif à la fréquence de résonance.

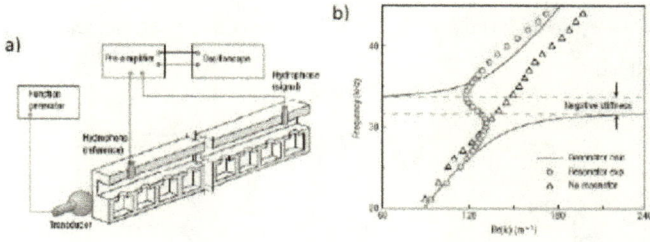

Figure 1.19 : a) Schéma de l'expérience réalisée avec les résonateurs de Helmholtz. b) Courbe de dispersion mesurée et calculée qui montre que la partie réelle de k diminue autour de la résonance et ouvre un gap [64].

Une superlentille acoustique a été réalisée en utilisant les résonateurs de Helmholtz à deux dimensions (figure 1.20) [66].

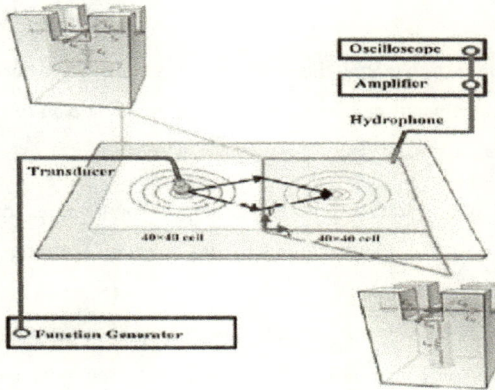

Figure 1.20 : Schéma du montage expérimental constitué de deux réseaux à 2 dimensions de résonateurs de Helmholtz taillés sur une plaque d'aluminium recouverte d'eau [66].

Dans les travaux proposé par J. Li et C.T.Chan [21], le cristal phononique composé de sphère de polymère dans l'eau a permis d'obtenir les deux paramètres effectifs ρ et κ négatifs simultanément. Néanmoins cette propriété n'était effective que dans une seule direction de propagation. Dans la référence [65], Y. Ding et al ont étudié un cristal phononique constitué d'un réseau de bulles d'eau associé à un réseau de sphères d'or enrobées d'un polymère, le tout dans une matrice d'époxy. L'association des bulles d'eau et des sphères d'or enrobées a permis de combiner dans une même structure les deux paramètres négatifs, les bulles d'eau assurant κ négatif et les sphères enrobées ρ négatif. La figure 1.21 reprend la courbe de dispersion de ce système calculé puis comparé avec la structure homogénéisée avec les paramètres effectifs.

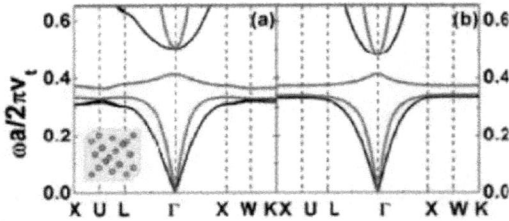

Figure 1.21 : (a) Structure de bande calculée pour le cristal phononique représenté en insert à gauche. A droite (b), la même structure calculée avec les paramètres effectifs [65]. La branche dont la fréquence réduite est comprise entre 0.373 et 0.414 possèdent les deux paramètres simultanément négatifs.

1-4: Synthèses.

Le contrôle de la propagation des ondes dans les matériaux à l'échelle de la longueur d'onde (ou inférieure) connaît un intérêt grandissant tant sur le plan fondamental que sur le plan des applications technologiques.

Les cristaux phononiques sont des structures périodiques de l'espace, formés d'inclusions dans une matrice, qui possèdent des propriétés élastiques différentes. Les cristaux phononiques conduisent à l'ouverture de bandes interdites de fréquence dans toutes les directions de l'espace qui dépendent des paramètres géométriques et physiques. Les premières études ont concerné les cristaux soniques (fréquence inférieure au kHz) ou ultrasoniques (fréquence inférieure au MHz) pour des raisons de faisabilité expérimentale et des applications possibles dans le domaine de réduction des nuisances sonores. Les études se sont portées sur l'existence de gaps et leur élargissement en combinant différents matériaux et/ou différentes structures géométriques. Puis, il a été possible de contrôler la propagation en créant des guides acoustiques en insérant des défauts structurels. Ces mêmes guides, combinés à des modes localisés, ont permis de réaliser des filtres ou des opérations de démultiplexage. Un autre procédé pour réaliser des gaps est l'utilisation de résonances localisées, adaptés à l'isolation phonique. Cela a conduit au développement des métamatériaux acoustiques. Ces derniers connaissent un intérêt croissant sur leurs propriétés de réfraction négative pour des applications en imagerie sub-longueurs d'onde, isolation phonique, collimation, cape d'invisibilité... Ce domaine devrait connaître un développement important en relation avec les applications en imagerie et en médecine.

Plus récemment, la recherche de gap absolu s'est tourné vers des cristaux phononiques d'épaisseur finie, sous forme de membrane. L'existence et le comportement des bandes interdites absolues ont été décrits et caractérisés dans ces structures dites 3D. La recherche de fonctionnalité telle que l'insertion de guides linéaires ou coudés, des propriétés de filtrage ou de démultiplexage sont actuellement à l'étude pour un nombre important de géométries. L'intérêt pour ces structures s'est ouvert également à des domaines de fréquences élevées (GHz) atteignant ainsi la gamme des longueurs d'onde utilisées en télécommunication ($\lambda=1.55\mu m$). Les recherches en photonique et en phononique ont progressé conjointement et ont alimenté les développements respectifs. Les cristaux hypersoniques (fréquences supérieures au GHz) sont plus récents à cause des difficultés de fabrication et de caractérisation liés à l'échelle de grandeur. Les progrès techniques ont permis la fabrication de systèmes submicroniques par lithographie ou auto assemblage et leur caractérisation rendue possible par des techniques de diffusion Brillouin ou d'acoustique picoseconde. Ces cristaux phononiques hypersoniques ont des densités d'états qui perturbent la conductivité thermique. On peut alors chercher à la diminuer pour des applications thermoélectriques ou l'augmenter dans des circuits microélectroniques pour évacuer la chaleur. D'autre part, ils peuvent être le siège de gaps qui sont à la fois phononiques et photoniques [67]. Il serait alors possible de contrôler simultanément la propagation des photons et des phonons. Ces derniers sont appelés cristaux pho'X'oniques. On peut envisager des structures confinant des phonons haute fréquence pour contrôler la diffusion Brillouin stimulée. Les interactions acousto-optiques entre phonons et photons peuvent aussi être mises à profit dans l'étude des effets optomécaniques afin de réduire ou amplifier des vibrations mécaniques.

La thématique des cristaux phononiques devrait connaître un développement croissant au regard des nombreuses applications technologiques possibles en couvrant des gammes de fréquences allant du kHz jusqu'au térahertz couvrant des structures dont les dimensions vont du centimètre au nanomètre.

Chapitre 2

La méthode de simulation numérique

La méthode de simulation numérique utilisée est la méthode des différences finies ou F.D.T.D. (Finite Différence Time Domain method). Cette technique de résolution des équations d'élasticité a fait ses preuves dans l'étude des cristaux phononiques. Elle permet de calculer, pour des structures périodiques à une, deux ou trois dimensions, des courbes de dispersion, des coefficients de transmission et des cartographies de champ de déplacement.

Dans ce chapitre, nous présentons cette méthode de calcul en considérant un cristal phononique à deux dimensions et nous expliciterons les équations permettant d'obtenir les deux types de courbes qui ont été étudiées lors de ce travail. Celles-ci se différencient par les conditions aux limites appliquées sur les frontières de la cellule unitaire. L'extension du code numérique aux structures périodiques à trois dimensions sera reportée en annexe.

D'autres techniques de calculs telles que la méthode des ondes planes, (P.W.E. pour Plane Wave Expansion) ou encore la méthode des éléments finis (F.E.M. pour Finite Element Method), permettent d'obtenir des courbes de dispersion des structures périodiques. Depuis peu, la méthode des éléments finis s'est avérée être un outil particulièrement efficace en termes de convergence et de temps de calcul. Nous disposons d'un code de calcul commercial (COMSOL Multiphysics) qui a été largement utilisé pour les calculs de structure de bande des modèles à trois dimensions présentés dans ce mémoire. Ce logiciel est utilisé comme solveur de l'équation différentielle de propagation des ondes élastiques dans laquelle nous avons introduit les conditions de périodicité de Bloch-Floquet.

Sommaire :

2-1 Intérêts de la méthode pour l'étude des cristaux phononiques.

La méthode F.D.T.D. (Finite Difference Time Domain) est une technique qui a fait ses preuves dans l'étude des cristaux photoniques en résolvant les équations de Maxwell dans le domaine spatial et temporel. Elle permet d'obtenir les composantes des champs électromagnétiques à tous les instants et en tout point de l'espace sur une structure de cristal photonique.

Le code F.D.T.D. à 2 dimensions utilisé pour l'étude des cristaux phononiques fut la première fois développé par Sigalas et al [2] pour la transmission par Tanaka et al [29,30] pour la dispersion. Cette méthode permet l'étude de la propagation d'ondes acoustiques à travers les cristaux phononiques en discrétisant les équations d'élasticité dans le domaine temporel et spatial. Cette méthode permet de calculer les champs de déplacement associé à une onde acoustique en fonction du temps et en tout point de l'espace discrétisé selon un maillage très fin. Elle évite alors le passage par la diagonalisation de matrices de grandes tailles comme pour la méthode des ondes planes et propose plutôt de passer par une discrétisation des opérateurs aux dérivées partielles. L'avantage de cette méthode réside dans la simplicité de sa mise en œuvre et la connaissance de toutes les composantes des champs de déplacement à tous les instants et dans tout l'espace.

Le principe de cette méthode consiste à introduire une excitation dans le système. Puis, on détecte l'évolution de la déformation élastique u(x,y,z,t) et de la vitesse v(x,y,z,t) au cours du temps. Au bout d'un temps suffisant, par transformée de Fourier, on obtient une réponse fréquentielle du système à la déformation initiale. On peut alors obtenir des informations telles que les courbes de dispersion et les coefficients de transmission.

Si on s'intéresse à la courbe de dispersion, la détection en un point permet d'obtenir, pour une valeur du vecteur d'onde $\vec{k}$ de la zone de Brillouin, les modes propres permis par la structure. Pour la courbe donnant les coefficients de transmission, on normalise la transformée de Fourier du signal transmis par celle obtenue pour le système sans cristal phononique. La différence avec le calcul de la courbe de dispersion vient des conditions aux limites à imposer aux frontières de la cellule unitaire.

Comme beaucoup de méthodes de simulation, la méthode FDTD présente des inconvénients, qui sont liés au nombre de ressources informatiques qu'elle requiert, pour connaître en tout point et à chaque instant les composantes du champ de déplacement. En effet, des lors que l'on cherche à modéliser des structures à trois dimensions, les temps de calculs augmentent considérablement. Toutefois, l'évolution des capacités de mémoires, de rapidité des ordinateurs et la parallélisation des codes permet de compenser ces désagréments. De plus, des problèmes de convergence apparaissent pour les systèmes solide/vide au niveau des interfaces.

Dans la suite, j'expliciterai la méthode à 2 dimensions pour le calcul des courbes de dispersions et des coefficients de transmissions. On trouvera en annexe, les développements à 3 dimensions.

2-2 Principes de base de la FDTD.

2-2.1 Équations de base. Rappels de la loi de Hooke.

La loi de Hooke est une loi de comportement des solides soumis à une déformation élastique de faible amplitude. Elle relie de manière linéaire l'allongement d'un solide à la force qui lui est appliquée.

La loi de Hooke généralisée pour un matériau anisotrope et inhomogène, relie, dans le cadre de l'élasticité linéaire, le tenseur des déformations $[e_{kl}]$ au tenseur des contraintes $[\sigma_{ij}]$ par le tenseur des modules élastiques $[C_{ijkl}]$:

$$[\sigma_{ij}] = [C_{ijkl}]\,[e_{kl}].$$

A 2 dimensions, la loi de Hooke s'écrit alors :

$$\sigma_i = \sum_j C_{ij}.e_j \quad (1)$$

avec $e_1 = \dfrac{\partial u_x}{\partial x}$; $e_2 = \dfrac{\partial u_y}{\partial y}$ et $e_3 = \dfrac{\partial u_x}{\partial y} + \dfrac{\partial u_y}{\partial x}$ et $\sigma_1 = \sigma_{xx}$; $\sigma_2 = \sigma_{yy}$ et $\sigma_3 = 2\sigma_{xy}$

Dans le cas où les matériaux impliqués dans le cristal sont isotropes, les constantes élastiques sont les suivantes : $c_{11} = c_{22}$, $c_{12} = c_{21}$ et $c_{44} = \dfrac{c_{11} - c_{12}}{2}$.

La seconde équation du système à résoudre est l'équation du mouvement que l'on peut écrire ainsi :

$$\rho \frac{\partial v_i}{\partial t} = \sum_j \frac{\partial \sigma_{ij}}{\partial x_j} \qquad (2)$$

avec v_i la composante (i=x,y) de la vitesse telle que $v_i = \dfrac{\partial u_i}{\partial t}$ (3) et ρ la masse volumique.

2-2.2 Discrétisations et algorithme de Yee ou des différences centrées.

La résolution de ce système d'équations nécessite une discrétisation spatiale et temporelle aux différences finies.

Pour la discrétisation dans le temps, on choisi un nombre n_t de pas temporel dt. A chaque pas temporel, on évaluera la déformation élastique et la vitesse sur une grille bidimensionnelle de points. En ce qui concerne le calcul de la courbe de dispersion, seule une cellule élémentaire sera discrétisée dans le plan (x,y).

Quant à la discrétisation spatiale, le domaine 2D est maillé selon une grille de maille dx et dy (n_x pas dx et n_y pas dy). On note i,j les indices associés aux coordonnées spatiales x,y et k étant réservé à l'indice temporel. Pour chaque pas temporel k, les matrices **u**(i, j, k)=**u**(idx, jdy, kdt) et **v**(i,j,k)=**v**(idx, jdy, kdt) seront évaluées avec i allant de 1 à n_x, j de 1 à n_y et k de 1 à n_t.

Chaque composante va être définie sur un réseau entier ou demi entier à la fois dans l'espace et dans le temps selon le schéma de la figure 2.1.

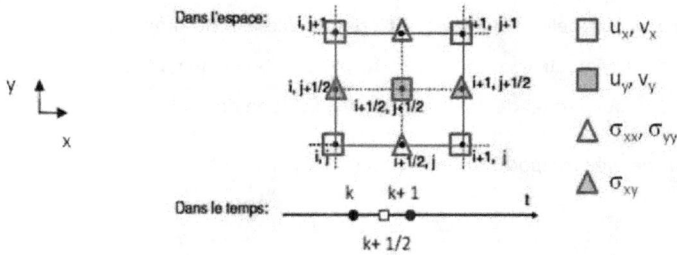

Figure 2.1 : Définition des réseaux de discrétisation spatial et temporel.

On utilise un algorithme de récurrence permettant de déterminer les valeurs de la vitesse et de la déformation à l'instant suivant connaissant l'état initial à t=0. Ainsi, chaque pas temporel devient la condition initiale de l'incrémentation suivante. La récurrence s'appuie sur la connaissance des composantes u_x et u_y du champ de déplacement en tout point M de la structure à l'instant t. L'équation (1) permet de calculer les contraintes correspondantes, en tout point M, à ce même instant t. Puis, à l'aide de l'équation (2), on détermine la vitesse $v_i(x, y, t+dt)$. Enfin par une intégrale dans le temps on extrait $u_i(x, y, t+dt)$ correspondant au déplacement à l'instant t+dt. On incrémente alors la boucle de récurrence comme représenté sur la figure 2.2 ci-dessous.

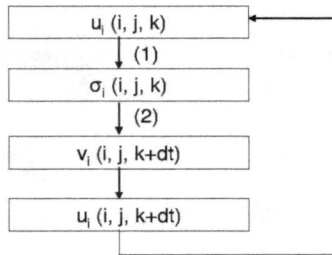

Figure 2.2 : Organigramme de récurrence pour le calcul des champs de déplacements à l'instant t+dt à partir de l'instant t.

Cette technique de récurrence permet de s'affranchir des diagonalisations et de ne discrétiser que des opérateurs.

2-2.3 Discrétisation temporelle.

Les dérivées partielles spatiales et temporelles sont approchées par leur développement de Taylor au second ordre. De plus, la technique utilisée est celle des différences centrées, qui permet de découper l'intervalle dt en deux.

En effet, la dérivée temporelle d'une fonction f(x,y,t) s'écrit

$$\frac{\partial f}{\partial t}(t) = \frac{f(x,y,t+dt/2) - f(x,y,t-dt/2)}{dt} + o(dt^2)$$

Si on applique ce raisonnement pour le calcul des vitesses, alors en supposant connu le champ de vitesse sur des intervalles de temps demi entier, nous pouvons estimer la dérivée d'une composante en un temps kdt.

$$\frac{\partial v_i(kdt)}{\partial t} = \frac{v_i(kdt+dt/2) - v_i(kdt-dt/2)}{dt}$$

De même, la dérivée du déplacement sera évaluée sur des demi-intervalles.

$$\frac{\partial u_i(kdt+dt/2)}{\partial t} = v_i(kdt+dt/2)$$

Ce qui implique de connaître à son tour le champ de déplacement sur des intervalles de temps entiers.

$$\frac{\partial u_i(kdt+dt/2)}{\partial t} = \frac{u_i(kdt+dt/2+dt/2) - u_i(kdt+dt/2-dt/2)}{dt}$$

$$\frac{\partial u_i(kdt+dt/2)}{\partial t} = \frac{u_i(kdt+dt) - u_i(kdt)}{dt}$$

D'où les expressions discrétisées de la vitesse et de sa dérivée intervenant dans les équations (2) et (3).

$$v_i(i,j,k+1/2) = \frac{u_i(i,j,k+1) - u_i(i,j,k)}{dt}$$

et
$$\frac{\partial v_i(i,j,k)}{\partial t} = \frac{v_i(i,j,k+1/2) - v_i(i,j,k-1/2)}{dt}$$

Cette méthode déjà utilisée en électromagnétisme est basée sur la méthode de Yee [61] dite des différences centrées.

2-2.4 Discrétisation spatiale.

On suit la même démarche pour la discrétisation spatiale. On ne présentera que le calcul pour une seule composante et on admettra par analogie les développements sur les autres composantes. Les discrétisations spatiales apparaissent sur les contraintes (équation 2) et sur les déplacements (équation 1).

L'équation (2) permet d'écrire, pour la composante x :

$$\frac{\partial v_x}{\partial t}(i,j) = \frac{1}{\rho(i,j)}\left[\frac{\partial \sigma_{xx}}{\partial x}(i,j) + \frac{\partial \sigma_{xy}}{\partial y}(i,j)\right]$$

Le terme $\dfrac{\partial v_x}{\partial t}(i,j)$ a déjà été discrétisé dans le paragraphe précédent. Ici nous développons les discrétisations spatiales soit :

$$\frac{\partial \sigma_{xx}(i,j)}{\partial t} = \left(\frac{\sigma_{xx}(i+1/2,j) - \sigma_{xx}(i-1/2,j)}{dx}\right) \text{et } \frac{d\sigma_{xy}(i,j)}{dt} = \left(\frac{\sigma_{xy}(i+1/2,j) - \sigma_{xy}(i-1/2,j)}{dx}\right)$$

La définition des contraintes à partir de l'équation (1), nous permet d'obtenir :

$$\sigma_{xx}(i+1/2,j) = C_{11}(i+1/2,j)\frac{\partial u_x}{\partial x}(i+1/2,j) + C_{12}(i+1/2,j)\frac{\partial u_y}{\partial y}(i+1/2,j)$$

47

et $\sigma_{xy}(i, j+1/2) = C_{44}(i, j+1/2)\left(\dfrac{\partial u_x}{\partial y}(i, j+1/2) + \dfrac{\partial u_y}{\partial x}(i, j+1/2)\right)$

La discrétisation spatiale doit également être appliquée aux déplacements :

$$\sigma_{xx}(i+1/2, j) = C_{11}(i+1/2, j)\frac{u_x(i+1, j) - u_x(i, j)}{dx}$$

$$+ C_{12}(i+1/2, j)\frac{u_y(i+1/2, j+1/2) - u_y(i+1/2, j-1/2)}{dy}$$

alors $\sigma_{xx}(i-1/2, j) = C_{11}(i-1/2, j)\dfrac{u_x(i, j) - u_x(i-1, j)}{dx}$

$$+ C_{12}(i-1/2, j)\frac{u_y(i-1/2, j+1/2) - u_y(i-1/2, j-1/2)}{dy}$$

et enfin :

$$\sigma_{xy}(i, j+1/2) = C_{44}(i, j+1/2)\left(\frac{u_x(i, j+1) - u_x(i, j)}{dy} + \frac{u_y(i+1/2, j+1/2) - u_y(i-1/2, j+1/2)}{dx}\right) \text{et}$$

$$\sigma_{xy}(i, j-1/2) = C_{44}(i, j-1/2)\left(\frac{u_x(i, j) - u_x(i, j-1)}{dy} + \frac{u_y(i+1/2, j-1/2) - u_y(i-1/2, j-1/2)}{dx}\right)$$

Remarque 1 : Il apparaît que le champ de déformation u_x doit être évalué sur des intervalles d'espace entiers alors que u_y doit être évalué sur des intervalles d'espace demi entiers selon le schéma défini sur la figure 2.1. Il en va de même pour les champs de vitesse v_x et v_y respectivement car

$\dfrac{\partial u_x(i, j)}{\partial t} = v_x(i, j)$ et $\dfrac{\partial u_y(i+1/2, j+1/2)}{\partial t} = v_y(i+1/2, j+1/2)$

Remarque 2 : On effectue le même procédé pour la seconde composante de la vitesse de l'équation (2).

Remarque 3 : Afin d'évaluer les paramètres élastiques aux interfaces (ρ et c_{ij}) sur des demi intervalles, on utilisera des moyennes géométriques sur les nœuds voisins de la grille.

Par exemple :

$$\rho\left(i+1/2,\, j+1/2\right)=\sqrt[4]{\rho(i,j)\rho(i+1,j)\rho(i,j+1)\rho(i+1,j+1)}$$

En résumé, la discrétisation implique que les composantes soient calculées sur le maillage suivant :

$$u_x(i,\,j),\ v_x(i,j),\ u_y(i+\tfrac{1}{2},\,j+\tfrac{1}{2}),\ v_y(i+\tfrac{1}{2},\,j+\tfrac{1}{2}),\ \sigma_{x,x}(i+\tfrac{1}{2},\,j),\ \sigma_{y,y}(i+\tfrac{1}{2},\,j),\ \sigma_{x,y}(i,\,j+\tfrac{1}{2})$$

conformément à la représentation de la figure 2.1

2-3 Applications aux calculs des courbes de dispersion.

2-3.1 Conditions aux limites périodiques.

Les cristaux phononiques étant des structures périodiques de l'espace, on peut restreindre le domaine d'étude à une seule cellule élémentaire. Afin de calculer les courbes de dispersion, on utilise les conditions de périodicité du théorème de Bloch. Pour cela on s'intéresse à une cellule que l'on va répéter dans les 2 directions de l'espace (figure 2.3).

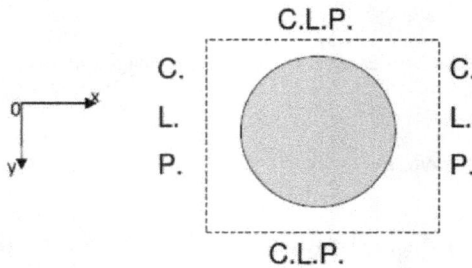

Figure 2.3. : Schéma de la cellule élémentaire, répétée dans les deux directions de l'espace, pour la construction du cristal phononique infini et périodique. CLP : Conditions aux Limites Périodiques.

On doit imposer la périodicité de maille **a**(a,a) à partir d'une cellule élémentaire dans les deux directions de l'espace. On note **r**(x,y), la position d'un point dans la structure. On note **k**(k$_1$, k$_2$) le vecteur d'onde. On peut alors appliquer un développement en fonctions périodiques (ondes planes) sur les composantes du champ de déplacement et celles du tenseur des contraintes.

$$u_i(r,t) = U_i(r,t)e^{i(kr-\omega t)} \qquad et \qquad \sigma_i(r,t) = \sigma_i(r,t)e^{i(kr-\omega t)}$$

tel que $U_i(r+a,t) = U_i(r,t)$ et $\sigma_i(r+a,t) = \sigma_i(r,t)$. $U_i(r,t)$ étant le déplacement dans la cellule élémentaire.

Ainsi, en appliquant ces conditions, on définit les conditions aux frontières pour les différentes composantes sur le motif élémentaire. On obtient, en combinant ces équations, les équations aux frontières suivantes:

$$u_i(r+a,t) = u_i(r,t)e^{(ika)} \quad et \quad \sigma_i(r+a,t) = \sigma i(r,t)e^{(ika)}$$

Ainsi (1) et (2) deviennent, en les dérivant :

$$\rho\frac{dv_i}{dt} = \sum_j ik_j\sigma_{ij} + \sum_j \frac{d\sigma_{ij}}{dx_j} \qquad (3)$$

$$\sigma_i = \sum_j ik_j C_{ij}e_j + \sum_j C_{ij}e_j \quad (4)$$

Ces équations sont alors à discrétiser sur le même maillage que celui décrit précédemment (figure 2.1) :

L'équation (3) devient, pour la composante x :

$$\frac{\rho(i,j)}{dt}\left[v_x^{l+1}(i,j) - v_x^l(i,j)\right] = K_1^+\sigma_{xx}(i+1/2,j) + K_1^-\sigma_{xx}(i-1/2,j)$$
$$+ K_2^+\sigma_{xy}(i,j+1/2) + K_2^-\sigma_{xy}(i,j-1/2)$$

avec

$$K_1^{\pm} = (ik_x dx \pm 2)/(2dx), K_2^{\pm} = (ik_y dy \pm 2)/(2dy)$$

Puis pour la composante y :

$$\frac{\rho(i+1/2, j+1/2)}{dt}\left[v_y^{l+1}(i+1/2, j+1/2) - v_y^l(i+1/2, j+1/2)\right] =$$
$$K_1^+ \sigma_{xy}(i, j+1/2) + K_1^- \sigma_{xy}(i, j+1/2)$$
$$+ K_2^+ \sigma_{yy}(i+1/2, j+1) + K_2^- \sigma_{yy}(i+1/2, j)$$

Les σ_{ij} sont définis puis discrétisées à partir de l'équation (4) :

$$\sigma_{xx}(i+1/2, j) = C_{11}(i+1/2, j)\left[K_1^+ ux(i+1, j) + K_1^- ux(i, j)\right]$$
$$+ C_{12}(i+1/2, j)\left[K_2^+ uy(i+1/2, j+1/2) + K_2^- uy(i+1/2, j-1/2)\right]$$

$$\sigma_{yy}(i+1/2, j) = C_{12}(i+1/2, j)\left[K_1^+ ux(i+1, j) + K_1^- ux(i, j)\right]$$
$$+ C_{22}(i+1/2, j)\left[K_2^+ uy(i+1/2, j+1/2) + K_2^- uy(i+1/2, j-1/2)\right]$$

$$\sigma_{xy}(i, j+1/2) = C_{44}(i, j+1/2)\left[\begin{array}{l} K_2^+ ux(i, j+1) + K_2^- ux(i, j) \\ + K_1^+ uy(i+1/2, j+1/2) + K_1^- uy(i-1/2, j+1/2) \end{array}\right]$$

Le calcul est effectué pour chaque vecteur d'onde appartenant aux directions de haute symétrie de la zone de Brillouin réduite. Par exemple, dans le cas d'un réseau carré, les vecteurs d'ondes choisis appartiennent aux directions ΓX, XM et ΓM. Le principe du calcul des courbes de dispersion, détaillé ci dessous, commence par le choix des conditions initiales imposées à la cellule.

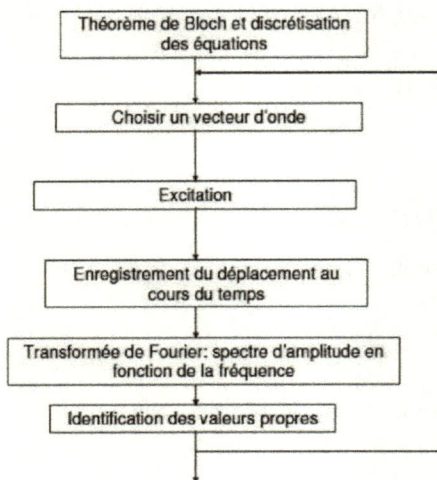

Figure 2.4. : Organigramme de calcul des modes propres de la structure.

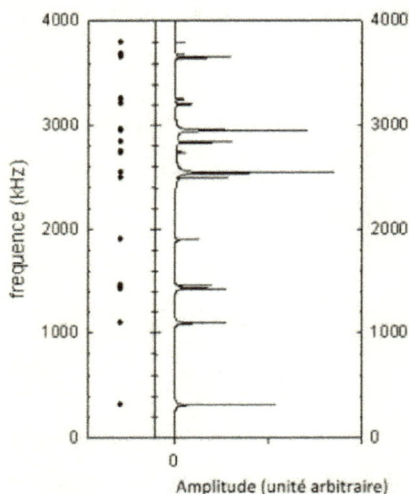

Figure 2.5 : A gauche, pour un vecteur d'onde donné, les modes propres sélectionnés représentés par un point à partir du spectre en fréquence à droite.

On génère de manière aléatoire en un point quelconque (x_1, y_1) de la cellule au temps t=0, un pic de pulsation de Dirac d'amplitude arbitraire. Ce pic étroit en temps correspond à un signal large bande en fréquence u(x₁, y₁)=$\delta_{x,x_1}\delta_{y,y_1}$. Pendant le calcul, les déplacements, en quelques points de la cellule unitaire, sont enregistrés au cours du temps. Lorsque le nombre d'itérations est suffisant, le système va évoluer vers un état stationnaire qui combinera les états propres de la structure. La transformée de Fourier permet d'obtenir un spectre en fréquence présentant des pics d'amplitude du déplacement. Ces pics d'amplitude correspondent aux modes propres de la structure pour un vecteur d'onde donné de la zone de Brillouin (figures 2.4 et 2.5). Une routine de lissage et de détection des maxima est utilisée pour extraire les modes propres $\omega(k)$.

2-3.2 Aspects numériques et critère de stabilité.

La discrétisation spatiale doit être suffisante pour pouvoir échantillonner la longueur d'onde par un nombre de points suffisants (une dizaine). Il faut l'adapter en fonction des vitesses caractéristiques du système et dans la gamme de fréquence examinée. Il faut aussi tenir compte des contraintes géométriques du système. En effet, il faut typiquement assurer qu'il y ait au moins 4 points de discrétisation pour représenter un matériau de faible épaisseur. Cela nécessite alors par exemple pour une épaisseur de 0.1 mm, un pas de 0.025 mm. Ce qui peut entraîner un allongement important du temps de calcul.

Pour la discrétisation temporelle, Il faut que le pas temporel soit suffisant pour que l'onde puisse se déplacer d'un nœud à un autre, c'est à dire qu'il doit être plus petit que le plus petit temps caractéristique du système. En général, on utilise un critère lié à la vitesse longitudinale la plus élevée $c_{l,max}$ et à l'échantillonnage spatial :

$$\Delta t = \frac{0.25}{c_{l,max}\sqrt{\frac{1}{\Delta x^2}+\frac{1}{\Delta y^2}}}$$

De plus, le nombre de pas temporel doit être suffisant pour avoir une résolution accrue et donc adaptée à la résolution spectrale Δf souhaitée dans la transformée de Fourier : $\Delta f=1/n_t\Delta t$, n_t nombre de pas. Le choix de n_t doit permettre de s'assurer que les diffusions multiples ont eu lieue de façon satisfaisante.

Pour des matériaux très contrastés, le cas limite étant le vide pour l'un d'entre eux, la discrétisation spatiale doit être augmentée en conséquence. Le principe de la moyenne géométrique entre les paramètres physiques (constantes élastiques, densité) introduit une interface moyenne entre deux matériaux. C'est cette interface qui doit être réduite au maximum et d'autant plus que les matériaux sont contrastés.

2-4 Applications aux calculs des courbes de transmission.

2-4.1 Courbes de transmission.

Le calcul des courbes de dispersion permet de déterminer les conditions d'existence ou non de gaps. Il permet aussi de préciser leur position et leur largeur ainsi que l'existence de toutes les branches de dispersion, quelle que soit leur symétrie ou leur polarisation. Il est intéressant alors de pouvoir estimer la transmission des ondes acoustiques à travers une structure finie composée d'un nombre limité de périodes dans une direction donnée.

Lorsque les structures à calculer ne sont pas périodiques mais finies dans une direction donnée, nous devons définir d'autres conditions aux limites. Une première solution consiste à fixer les composantes des champs à une valeur nulle en bord de zone et à ne pas appliquer l'algorithme. Le problème est que des réflexions non physiques apparaissent alors sur ces bords et reviennent perturber fortement la structure. Il faut donc trouver une solution qui permet de réduire ces réflexions. Plusieurs méthodes existent [69]. Nous présentons ci-dessous les deux méthodes les plus utilisées : les conditions de Mur et les couches absorbantes parfaites PML pour Perfectly Matched Layers.

Prenons le cas d'une structure 2D (figure 2.6). L'espace est délimité en trois zones : deux zones homogènes séparées par le cristal phononique. La première, située avant le cristal, est celle de l'excitation à partir de laquelle une onde acoustique progressive est lancée. La direction x correspond alors à la direction de propagation de l'onde élastique. La seconde zone, après le cristal phononique, est celle de la détection où est collecté le champ de déplacement en fonction du temps. Les composantes des déplacements sont progressivement enregistrées au cours du temps au niveau du détecteur et converties en fréquence par transformée de Fourier. Enfin, la normalisation de ces courbes avec l'onde incidente permet d'obtenir la courbe d'évolution des coefficients de transmission en fonction de la fréquence.

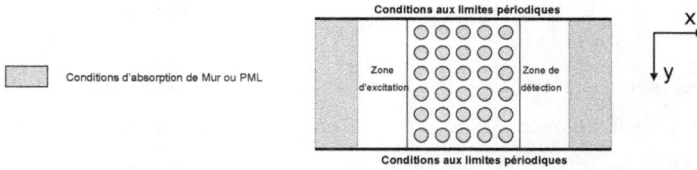

Figure 2.6 : Schéma d'un cristal phononique de dimension finie pour le calcul des courbes de coefficients de transmissions à deux dimensions.

2-4.2 Conditions aux limites périodiques (Bloch) et Conditions de Mur.

Dans la direction perpendiculaire à la direction de propagation (y), on utilise des conditions aux limites périodiques issues du théorème de Bloch. En revanche, dans la direction de propagation (x), on impose des conditions aux limites, appelées conditions de Mur [70], qui permettent de simuler un milieu de propagation infini sans réflexion aux deux extrémités de la cellule.

Nous cherchons donc à appliquer les conditions de Mur aux extrémités x telles que i=1 et i=n_x sur le déplacement **u**(i,j). Pour cela, il faut exprimer la déformation sur le plan i=1 (respectivement i=n_x) et en un instant t+dt en fonction des déformations existantes au temps précédent et à la position précédente, c'est à dire à i=2 (respectivement i=n_x-1).

Ainsi, aux bords, en i=1, la déformation doit pouvoir se propager vers les x décroissants, de manière à sortir du domaine. Cela revient à imposer :

$$\frac{\partial}{dy}u_m(x,y,t) - \frac{1}{c}\frac{\partial}{\partial t}u_m(x,y,t) = 0 \quad \text{avec } m=i,j.$$

De même en i=n_x, nous écrivons $\quad \frac{\partial}{dy}u_m(x,y,t) + \frac{1}{c}\frac{\partial}{\partial t}u_m(x,y,t) = 0$.

La discrétisation de ces équations sur le maillage de la figure 2.1 permet d'obtenir :

$$u_x(1,j,k+1) = u_x(2,j,k) + \frac{cdt-dy}{cdt+dy}\left[u_x(2,j,k+1) - u_x(1,j,k)\right]$$

$$u_y(1,j,k+1) = u_y(2,j,k) + \frac{cdt-dy}{cdt+dy}\left[u_y(2,j,k+1) - u_y(1,j,k)\right]$$

$$u_x(n_x,j,k+1) = u_x(n_x-1,j,k) + \frac{cdt-dy}{cdt+dy}\left[u_x(n_x-1,j,k+1) - u_x(n_x,j,k)\right]$$

55

$$u_y(n_x, j, k+1) = u_y(n_x - 1, j, k) + \frac{cdt \cdot dy}{cdt + dy}\left[u_y(n_x - 1, j, k+1) - u_y(n_x, j, k)\right]$$

Cette méthode présente le défaut que ces équations ne sont valables que pour les ondes arrivant sous incidence normale. Cette condition est respectée dans le cas des ondes planes ou des ondes sphériques considérées planes, à savoir loin de la source. Dans le cas contraire, des réflexions parasites se produisent si on s'en écarte.

2-4.3 Conditions P.M.L. (Perfectly Matched Layers)

Les P.M.L. d'abord introduites pour l'étude des cristaux photoniques par Bérenger [71] sont des conditions qui permettent une adaptation d'impédance entre deux milieux annulant les réflexions à l'interface et conduisant à une absorption qui s'atténue sur une certaine longueur.

Il faut introduire, dans le système d'équation (1), un coefficient d'absorption dans la zone de la P.M.L. On appelle d le facteur d'atténuation, d (d^x, d^y). Le principe de la méthode consiste tout d'abord en une décomposition des déplacements et des contraintes selon les directions x et y, afin de traiter séparément l'absorption dans chacune des directions, soit :

$$u_x = u_x^x + u_x^y \quad , \quad u_y = u_y^x + u_y^y \ ; \ \sigma_{xx} = \sigma_{xx}^x + \sigma_{xx}^y \ ; \ \sigma_{xy} = \sigma_{xy}^x + \sigma_{xy}^y$$

Ainsi, les équations (1) et (2) précédentes peuvent s'écrire :

$$\rho\frac{\partial v_x^x}{\partial t} + \rho d^x \frac{\partial v_x^x}{\partial t} = \frac{\partial \sigma_{xx}}{\partial x} \qquad \text{et} \qquad \rho\frac{\partial v_x^y}{\partial t} + \rho d^y \frac{\partial v_x^y}{\partial t} = \frac{\partial \sigma_{xy}}{\partial x}$$

De même pour la composante v_y

$$\rho\frac{\partial v_y^x}{\partial t} + \rho d^x \frac{\partial v_y^x}{\partial t} = \frac{\partial \sigma_{xy}}{\partial x} \qquad \text{et} \qquad \rho\frac{\partial v_y^y}{\partial t} + \rho d^y \frac{\partial v_y^y}{\partial t} = \frac{\partial \sigma_{yy}}{\partial x}$$

Et, pour les autres équations :

$$\frac{\partial \sigma_{xx}^x}{\partial t} + d^x \sigma_{xx}^x = C_{11}\frac{\partial v_x}{\partial x} \ ; \qquad \frac{\partial \sigma_{xx}^y}{\partial t} + d^y \sigma_{xx}^y = C_{12}\frac{\partial v_y}{\partial y}$$

$$\frac{\partial \sigma_{yy}^{x}}{\partial t} + d^{x}\sigma_{yy}^{x} = C_{12}\frac{\partial v_{x}}{\partial x} \quad ; \qquad \frac{\partial \sigma_{yy}^{y}}{\partial t} + d^{y}\sigma_{yy}^{y} = C_{22}\frac{\partial v_{y}}{\partial y}$$

$$\frac{\partial \sigma_{xy}^{y}}{\partial t} + d^{y}\sigma_{xy}^{y} = C_{44}\frac{\partial v_{x}}{\partial y} \quad ; \qquad \frac{\partial \sigma_{xy}^{x}}{\partial t} + d^{x}\sigma_{xy}^{x} = C_{44}\frac{\partial v_{y}}{\partial x}$$

Ainsi, dans la zone P.M.L., la déformation que l'on peut traiter comme une onde, n'est pas réfléchie, mais s'atténue dans la partie absorbante. L'adaptation d'impédance ne s'effectue qu'à incidence normale et des réflexions parasites apparaissent dès que l'on s'en écarte. Aussi, pour éviter ces désagréments, il est possible de rendre le milieu absorbant et biaxe, c'est à dire que l'absorption n'est choisie non nulle que suivant l'axe normal à l'interface entre les deux milieux. A l'interface, l'onde est décomposée en deux ondes : une onde qui subit une atténuation dans le milieu absorbant et une onde rasante qui ne subit aucune réflexion. Ainsi, en ajoutant des couches PML tout autour du domaine de calcul (figure 2.8), on peut absorber sans réflexion une onde arrivant sous incidence quelconque.

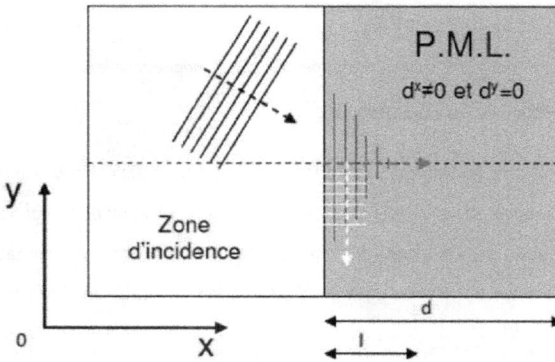

Figure 2.7. : Schéma d'une zone de PML pour une incidence oblique. Décomposition de l'onde incidente en une onde (en rouge) qui progresse vers les x croissants et une onde (en blanc) qui progresse vers les y décroissants.

On impose une graduation progressive en loi de puissance de l'absorption dans la couche P.M.L. $d^{x}=d^{max}.(x/e)^{\alpha}$ avec d^{x} facteur d'atténuation, x profondeur de pénétration dans la P.M.L., e épaisseur totale de la P.M.L. et d^{max}, la valeur maximale de l'atténuation (figure 2.7).

L'inconvénient de cette méthode est qu'elle augmente le temps de calcul par la discrétisation d'une couche supplémentaire et l'ajout du terme absorbant dans les équations d'élasticité. Les zones P.M.L. sont en effet très absorbantes (réflexion en amplitude de l'ordre de 10^{-5} quelles que soient l'angle d'incidence et la fréquence) et indispensables dans le cas des structures à trois dimensions.

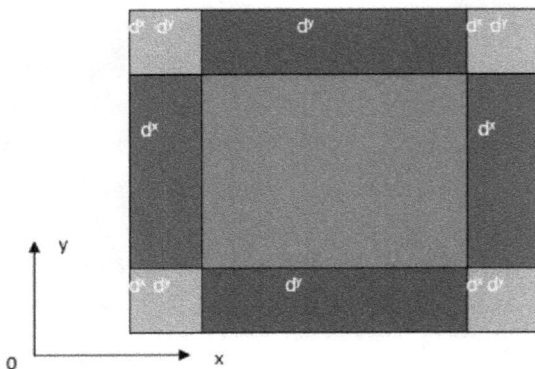

Figure 2.8. : Schéma de zone PML à deux dimensions avec pour chaque zone le facteur d'atténuation adéquat.

2-4.4 Profils des sources utilisées

Dans le calcul de transmission par FDTD, nous avons utilisé deux types de sources. La première se présente sous la forme d'une impulsion et permet l'exploitation d'une large gamme de fréquence. La seconde est une expression monochromatique permettant d'obtenir les représentations des champs de déplacement pour une fréquence donnée.

Signal pour les calculs des courbes de transmission.

Prenons le cas d'une structure à 2 dimensions dans le plan (Oxy). On considère une structure finie selon l'axe Ox avec des conditions PML aux frontières et des conditions périodiques selon Oy. On génère, à l'instant initial, une onde plane longitudinale polarisée selon u_x et uniforme selon u_y (figure 2.9 a-b). L'onde a un profil gaussien (figure 2.9 c) dans le temps. La transformée de Fourier de ce signal conduit à une amplitude constante sur une gamme de fréquence choisie, ici dans la gamme (0 ; 10000 kHz), (figure 2.9 d).

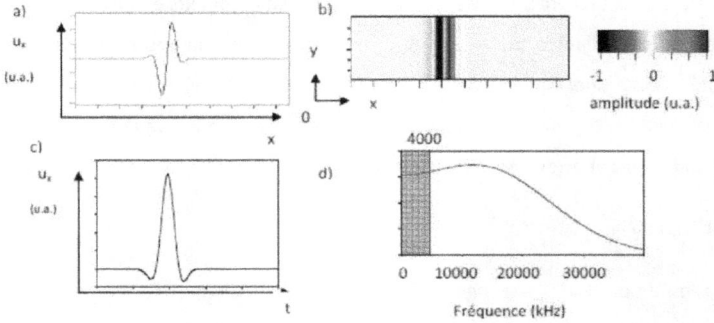

Figure 2.9: a) Profil de la source générée à l'instant initial. (u.a. unités arbitraires) b) carte de champ de la source à l'instant initial. c) Profil du pulse $u_x(t)$. d) Transformée de Fourier du pulse qui présente un plateau dans la gamme [0,4000 kHz].

Signal monochromatique

L'excitation de la structure par une onde monochromatique permet d'accéder à la répartition des champs de déplacement pour une fréquence choisie. Dans ce qui suit, nous montrons l'efficacité de la zone P.M.L. à partir d'une onde monochromatique générée en un point source comme indiqué sur la figure 2.10b. Il s'agit d'une onde plane longitudinale et monochromatique polarisée selon u_x dont on peut choisir la longueur d'onde envoyée dans un milieu homogène.

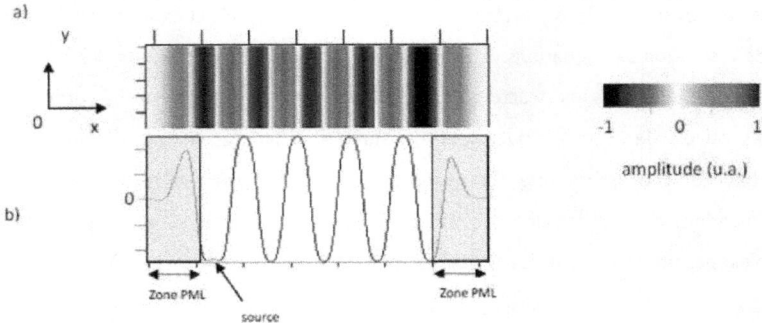

Figure 2.10: a)Carte de champ de déplacement pour une onde monochromatique longitudinale polarisée selon u_x. b) Profil du signal dans la structure et en jaune la zone PML.

Sur la figure 2.10b, on constate que l'onde est absorbée de manière efficace dans les P.M.L. situées de part et d'autre du cristal. Sur cette figure les champs de déplacement sont représentés selon une échelle où le rouge et le bleu représentent respectivement les maxima et minima des amplitudes de l'onde. On constate que, dans la PML, l'amplitude décroît rapidement et atteint zéro (couleur blanche).

2-5 synthèses

La méthode FDTD est une méthode de calcul adaptée à l'étude des cristaux phononiques. Cette méthode permet l'étude des modes de vibrations. Pour cela, nous avons introduit des développements en ondes planes sur les déplacements et les contraintes. Elle permet aussi l'étude de la transmission permise par l'introduction des P.M.L. sur une structure finie et d'une source temporelle étroite. Enfin, elle permet le calcul des cartes de champs des déplacements à une fréquence choisie à l'aide d'un signal monochromatique. Elle permet de modéliser une structure en couplant des conditions périodiques et des conditions absorbantes.

L'avantage de la méthode FDTD est de disposer d'un logiciel écrit au laboratoire dont on maîtrise les paramètres du code. Cette méthode permet le calcul des courbes de transmission et permet le calcul de composés mixtes solide-fluide. Toutefois, cette méthode devient coûteuse en temps de calculs et en mémoire pour le calcul des structures à trois dimensions. Nous avons alors dans un premier temps parallélisé les codes afin d'optimiser les temps de calculs. Nous disposons depuis peu d'un logiciel commercial en éléments finis de résolution des équations différentielles. L'avantage de la méthode des éléments finis est son efficacité dans les structures à trois dimensions. Nous avons utilisé cette méthode pour les calculs des courbes de dispersion sur des structures à trois dimensions du dernier chapitre. Elle assure une convergence plus fine et des temps de calculs plus rapide. Toutefois, c'est un logiciel commercial, nous n'avons pas accès au code et cette méthode n'est pas utilisable pour des structures mixtes solide-fluide.

Chapitre 3

Un cristal phononique à résonances localisées multiples

Au chapitre un, nous avons distingué deux types de cristaux phononiques, les cristaux phononiques dits de Bragg et les cristaux phononiques à résonances localisées. Ces derniers présentent l'avantage de diminuer de manière sensible l'encombrement spatial pour la réalisation de structures isolantes dans le domaine des fréquences audibles.

Pour l'ensemble des calculs numériques, la méthode de simulation numérique utilisée est la méthode des différences finies F.D.T.D. Dans ce chapitre, nous présenterons une étude théorique d'un cristal phononique qui possède plusieurs résonances localisées à basses fréquences. Ce cristal est constitué d'un cœur dur enrobé de couches cylindres concentriques alternativement dures et molles dans une matrice fluide. Nous étudierons l'influence des différents paramètres qui contrôlent l'existence de ces gaps. Nous calculerons autour de la première fréquence de résonance les propriétés effectives de ce métamatériau acoustique. Enfin, nous montrerons que le nombre de zéros de transmission augmente avec le nombre de couches. Par ailleurs, nous expliciterons les différences obtenues avec une matrice solide.

Sommaire :

3-1 Structure du cristal phononique à inclusions multi coaxiales (alternance de couches de polymère et d'acier).

La plupart des recherches sur les cristaux phononiques à résonances localisées (L.R.P.C.) sont basées sur le modèle originelle introduit à l'origine par P. Sheng et al [16]. Il s'agit d'un cristal phononique 3D dans lequel les inclusions comprennent un cœur constitué d'un matériau dur enrobé d'une couche dite molle. Dans ce chapitre nous considérons un cristal phononique 2D dans lequel les inclusions sont des structures multi coaxiales constituées alternativement d'un matériau dur (en général l'acier) et d'un polymère mou. La matrice est supposée en général être un fluide (l'eau) mais nous considérons également à la fin de ce chapitre le cas d'une matrice solide. Nous montrons que les propriétés de transmission et de structure de bandes sont sensibles à la nature solide ou fluide de la matrice et surtout à la nature de la couche extérieure de l'inclusion qui est en contact avec la matrice.

La plupart des études antérieures se sont intéressées aux cas des cristaux phononiques constitués d'une seule couche de polymère dit mou. L'originalité de cette structure est un système multicouche présentant en alternance une couche molle et une couche dure autour d'un cœur rigide. Dans la figure 3.1, on note N le nombre de couches qui recouvrent le cœur en acier.

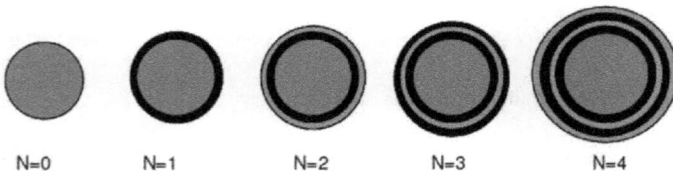

N=0   N=1   N=2   N=3   N=4

Figure 3.1 : Schéma de la structure multicouche de l'inclusion en fonction de N, le nombre de couches qui recouvrent le cœur de l'inclusion. L'acier et le polymère sont représentés respectivement en gris et en noir.

Si N est pair alors la couche en contact avec la matrice d'eau est en acier. Dans le cas contraire, N impair, c'est la couche de polymère.

Nous avons choisi comme polymère mou soit le butyl rubber [72](poly-isobutylene-co-isoprene) soit le polymère appelé silicone rubber présenté dans l'article de P. Sheng [16]. La plupart des calculs sont réalisés avec le butyl rubber qui est un matériau plus courant que le silicon rubber.

Ces polymères ont la particularité de posséder des vitesses longitudinales et transversales du son faibles comme indiqué dans le tableau suivant (tableau 3.1):

Matériau	eau	Acier	or	Butyl rubber	Silicon rubber
ρ (kg/m^3)	1000	7780	19500	933	1300
v_L (m/s)	1490	5825	3360	55	24
v_T (m/s)	0	3226	1239	19	6

Tableau 3.1 : valeurs des densitésρ, des vitesses longitudinales v_L et transversales v_T du son dans différents matériaux.

Les simulations numériques sont effectuées à l'aide d'un code développé à 2 dimensions. La méthode F.D.T.D. permet d'obtenir des courbes de dispersion, de calculer des coefficients de transmission et de représenter des cartes de champ de déplacement. Pour les courbes de dispersions, Les calculs sont effectués dans les deux directions principales ΓX et ΓM de la première zone de Brillouin du réseau carré considéré. Le schéma de la structure est présenté sur la figure 3.2b et c. L'axe du cylindre est dirigé selon la direction z. Dans cette direction, la structure est infinie. Selon les directions x et y, le cristal est périodique.

Pour le calcul des courbes de transmission, le cristal phononique est compris entre 2 milieux homogènes identiques à celui de la matrice du cristal (en l'occurrence l'eau) afin de lancer l'onde et calculer la transmission à travers le cristal. L'onde plane incidente est polarisée longitudinalement, uniforme dans la direction x et de profil gaussien dans la direction y. Dans la direction y, la taille est finie et des conditions absorbantes de Mur sont appliquées aux limites pour évacuer l'onde en sortie de cellule et éviter les réflexions.

Nous avons fixé le rayon extérieur du cylindre à 8,4 mm dans un réseau carré de paramètre de maille 20 mm. Ceci correspond à un taux de remplissage de 55%. L'épaisseur de chaque couche est de 1.6 mm. Le cristal phononique est constitué de 6 rangées, ce qui correspond à un encombrement total de 12 cm.

Le réseau est discrétisé de manière à avoir 100 pas de discrétisation dx = dy = $\dfrac{a}{100}$.

Ceci permet d'avoir au moins 8 points qui caractérisent la plus petite des dimensions comme l'épaisseur d'une couche.

Le pas temporel est $dt = \dfrac{dx}{4c_{l,\max}}$ et le nombre de pas est 2^{22} afin d'assurer la convergence des calculs.

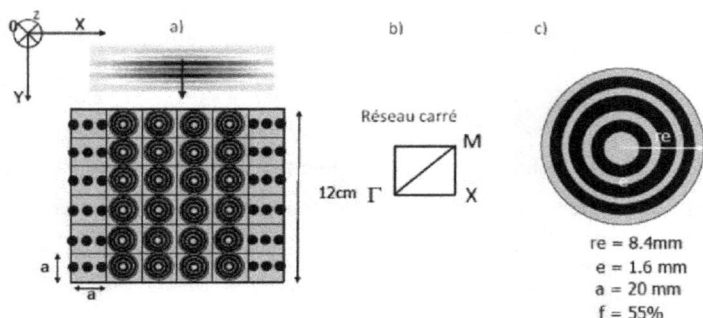

Figure 3.2 : a) Schéma de la structure du cristal phononique. b) Zone de Brillouin. c) Cellule unité présentée pour N=6.

3-2 Structure de bandes et coefficients de transmission dans le cas d'une matrice liquide

Nous avons séparé le cas N pair où l'acier est en contact avec l'eau, du cas N impair, où le polymère est en contact avec l'eau. Ces deux configurations ont un comportement différent vis à vis de la propagation des ondes dans la structure comme nous allons le montrer.

3-2.1 Nombre impair de couches coaxiales (N=1 et N=3) : Couche de polymère en contact avec l'eau.

Si N=1, le cœur de la cellule est un cylindre d'acier recouvert d'une coquille de polymère. L'ensemble est plongé dans la matrice d'eau. Les calculs sont réalisés dans les directions principales de haute symétrie de la première de zone de Brillouin. Avec les paramètres géométriques choisis, la première branche se courbe et un gap absolu apparaît entre 1.7 et 1.85 kHz (figure 3.3a). Pour des fréquences plus élevées, un nombre important de branches, quasiment plates, apparaissent.

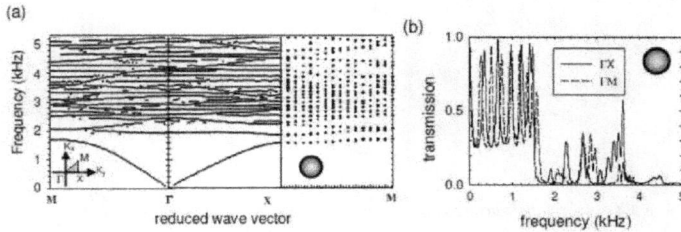

figure 3.3 : Courbes de dispersions (a) et de coefficients de transmission (b) selon les directions ΓX et ΓM pour le cristal phononique (f=55%) pour lequel le cœur est recouvert d'une couche de polymère (N=1).

La courbe de transmission, figure 3.3.b, confirme la présence du gap et la nature absolue de ce dernier. Elle met aussi en évidence des pics dans la première bande qui correspondent aux fréquences d'oscillation Perrot Fabry du cristal phononique. On compte 6 pics ou 5 creux qui correspondent aux 6 cellules utilisées dans le modèle pour le calcul de la transmission. On relève quelques oscillations dans les bandes supérieures mais les transmissions ont des valeurs qui sont faibles probablement dues aux bandes plates qui ne transmettent que faiblement.

Pour les grandes longueurs d'ondes, c'est à dire à basses fréquences, la pente à l'origine correspond à une vitesse effective longitudinale d'environ 80 m/s ce qui est bien inférieure à la vitesse du son dans l'eau (1500 m/s). Cette vitesse est bien plus proche de celle du polymère utilisé. Le système périodique étudié ici est équivalent à un système dont la vitesse effective est proche de celle du polymère.

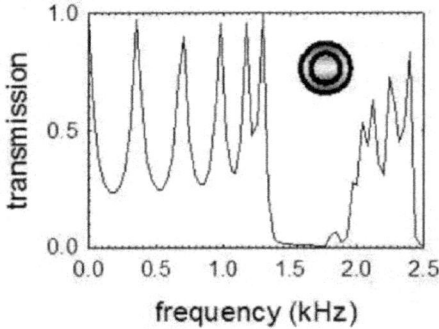

Figure 3.4 : Spectre de transmission pour le système tel que N=3 selon ΓX

Dans la figure 3.4, on a augmenté le nombre de couches tout en gardant N impair (N=3). L'effet principal est l'élargissement du gap absolu qui s'étend pour N=3 selon ΓX de 1.35 à 2 kHz. Toutefois, l'ouverture de ce gap n'est pas due à la présence de résonances locales mais plutôt lié aux paramètres physiques et géométriques de la structure.

3-2.2 Nombre pair de couches coaxiales (N = 2) : cylindre d'acier en contact avec l'eau.

La figure 3.5a représente la courbe de transmission dans le cas d'un cristal phononique composé d'une rangée de 6 inclusions dans l'eau. Dans un premier cas, nous avons considéré l'inclusion formée d'un cœur et de deux anneaux (N=2). Le cœur du cylindre est constitué d'acier et présente un diamètre de 5.2mm. Il est recouvert de 2 couches, la première en polymère d'épaisseur 1.6 mm et la seconde en acier de même épaisseur, le tout immergé dans l'eau. Le taux de remplissage est de 55%. Rappelons que dans ce cas, l'anneau extérieur en acier est en contact avec l'eau. Afin de comparer les effets produits par la présence de la couche de polymère, nous avons également considéré le cas où l'inclusion est formée d'un simple cylindre d'acier, sans couche de polymère (N=0) (figure 3.5b). Les courbes de transmission de ces systèmes mettent en évidence la présence d'un gap autour de 35 kHz que l'on peut attribuer à un gap de type Bragg. La formule suivante, déjà rencontrée au précédent chapitre conduit à une estimation de la fréquence centrale de la bande interdite : $f = \dfrac{c}{2a} = \dfrac{1500}{0.04}$ kHz= 37.5 kHz.

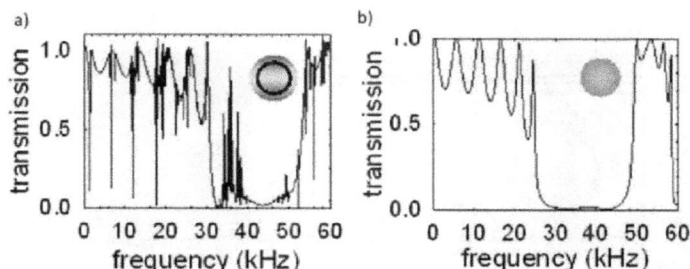

Figure 3.5 : a) Spectre de transmission dans le cas N=2 et b) N=0.

A basse fréquence (inférieure à 25 kHz), notons que la bande passante présente des oscillations de type Fabry-Pérot. On dénombre 6 maxima ou 5 minima en bonne cohérence avec les 6 rangées de cylindres du cristal. La bande interdite et les oscillations Fabry-Pérot sont présents dans les deux systèmes, avec et sans la couche de polymère. En revanche, La courbe de transmission figure 3.5.a. laisse apparaître 2 différences importantes.

La première concerne la présence de plusieurs zéros de transmission dans la première bande passante. On note ainsi 4 zéros de transmissions dans le domaine des fréquences audibles (20 Hz-20 kHz) : 1.45 kHz; 6.65 kHz; 11.9 kHz; 17.8 kHz. La seconde différence repose sur la présence d'une bande passante dans le gap de Bragg. Une transmission dans le gap a déjà été observée par Ph. Lambin et al [73], dans le cas d'un cristal phononique constitué de cylindres d'air enrobé d'une couche fine de polymère dans l'eau. Ces transmissions dans le gap trouvent leur origine dans l'insertion de la couche de polymère ayant des vitesses faibles.

Les zéros de transmission sont le résultat de résonances locales dont les fréquences correspondantes sont inférieures aux fréquences du gap de Bragg. Pour confirmer cette assertion, nous avons calculé la courbe de dispersion pour la cellule unité avec N=2 dans les deux directions de hautes symétries ΓX et ΓM.

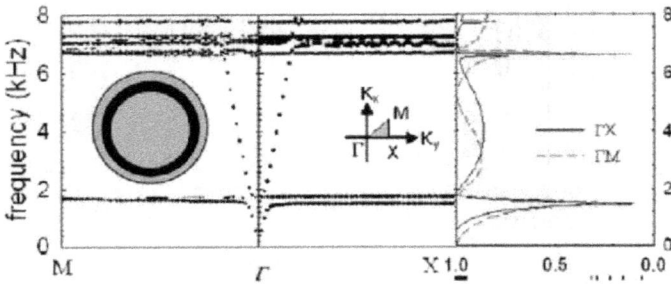

Figure 3.6 : Courbe de dispersion calculée dans les 2 directions ΓX et ΓM dans la première zone de Brillouin et courbe de transmission calculée sur la gamme de fréquence [0, 8 kHz].

Les courbes de dispersions représentées sur la figure 3.6 permettent d'associer les zéros de transmission à des gaps absolus. La première branche acoustique est coupée par des bandes plates qui donnent naissance aux deux gaps. Les deux courbes de transmission selon les directions ΓX et ΓM coïncident sensiblement aux fréquences des deux gaps de la courbe de dispersion. Dans les conditions choisies, ces fréquences atteignent des valeurs de f=1.45 kHz et 6.65kHz.

Afin de caractériser ces gaps, nous avons tracé les cartes de champs de déplacements associées aux fréquences des zéros de transmission. Pour chacune des fréquences, nous donnerons la composante du déplacement le long de la direction de propagation (U_y) sur un diagramme 3D ainsi qu'une vue schématique du mode de vibration dans le plan (x, y). Dans la représentation à 3 dimensions, le vecteur déplacement $\vec{U}_y$ est représenté par une échelle de couleur dans laquelle le bleu (le rouge) correspond aux déplacements négatifs (positifs).

A la fréquence de 1.45 kHz, le champ de déplacement fait apparaître pour la composante U_y une localisation du mouvement dans le cœur de la cellule et dans la couche externe d'acier. Ces deux parties bougent comme des systèmes indéformables. De plus, on constate que les valeurs relatives des mouvements sont opposées et de rapport différent. On comprend que le polymère subit une déformation élastique en adaptant les mouvements relatifs du cœur et de l'anneau métallique. Si on représente ces mouvements sur un plan (x, y), le cœur et la couche externe vibrent en opposition de phase alors que le polymère joue le rôle d'un ressort qui relie ces deux parties. Dans les schémas de la figure 3.7, on peut observer, en notant O et O' les centres du cœur et de la couche externe, leur mouvement opposé.

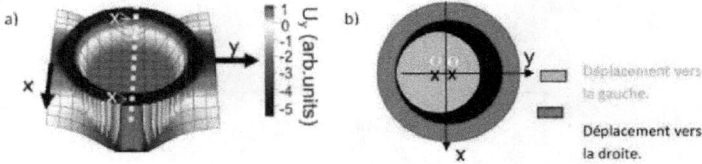

Figure 3.7 : (a) Carte du champ de déplacement pour la composante U_y, dans la direction de propagation (Oy) à la fréquence de 1.45 kHz. (b) Schémas des déplacements relatifs des parties rigides en acier du cœur par rapport à la couche externe ; O et O' représentent les centres du cœur et de la couche externe.

Notons par ailleurs l'existence d'un champ de déplacement en dehors de l'inclusion, dans l'eau, qui montre par conséquent une certaine interaction entre les inclusions du cristal. Bien que fortement lié à un mouvement localisé, on ne peut pas exclure l'importance de l'effet de la périodicité du cristal.

Pour le second zéro de transmission, à 6.65 kHz, nous observons que le mouvement de la composante Uy du champ de déplacement est localisé dans la couche de polymère. Ceci peut être interprété comme la caractéristique d'un mode propre de résonance de la couche de polymère coincée entre les deux matériaux durs. En effet, en observant la figure 3.8 ci-dessous, nous voyons que le cœur et la couche externe sont immobiles alors que la couche de polymère présente un déplacement non nul.

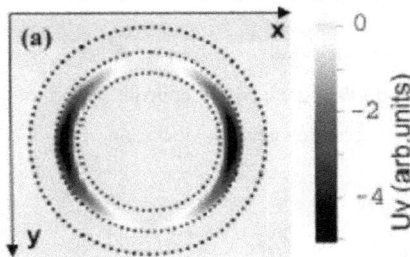

Figure 3.8 : Carte du champ de déplacement pour la composante U_y dans la direction de propagation (Oy) à la fréquence de 6,65 kHz. En pointillé, position de l'inclusion, ainsi que des couches la constituant.

3-3 Rôles des différents paramètres dans le cas où N=2

Dans ce paragraphe, nous discutons l'évolution des deux premiers zéros de transmission en fonction des paramètres physiques et géométriques du cristal.

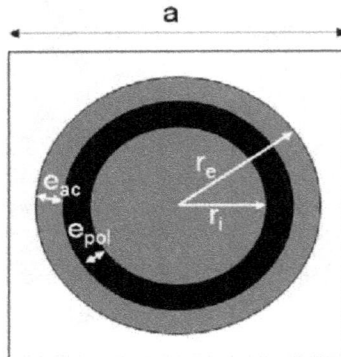

Figure 3.9: Représentation schématique de la cellule unité avec les paramètres étudiés.

Afin de délimiter le nombre de paramètres, on veillera à ne faire varier qu'un seul paramètre à la fois. On note respectivement (voir figure 3.9) r_e, r_i, e_{pol}, e_{ac}, le rayon extérieur de l'inclusion, le rayon intérieur du cœur en acier, l'épaisseur de l'anneau de polymère et l'épaisseur de la couche d'acier représenté dans la figure suivante.

3-3.1 Variation de l'épaisseur de la couche de polymère

Dans cette étude, le rayon extérieur de l'inclusion, r_e, et l'épaisseur de la couche, e_{ac}, sont conservés. L'augmentation de l'épaisseur de la couche de polymère, e_{pol}, se fait donc au détriment du rayon interne du cœur en acier de l'inclusion, r_i.

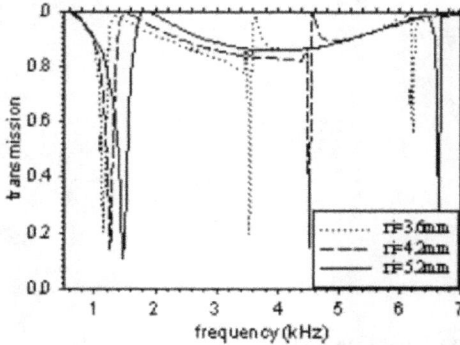

Figure 3.10 : Courbes de transmission obtenues pour 3 valeurs du rayon intérieur du cœur en acier, c'est à dire pour 3 valeurs de l'épaisseur de la couche de polymère.

La figure 3.10 représente les courbes de transmission pour trois valeurs de rayons du cœur de l'inclusion, r_i=3,6 ; 4,2 et 5,2 mm. Nous constatons que les fréquences des deux premiers zéros de transmission diminuent. Cependant cet effet reste faible pour le premier zéro alors qu'il est plus important pour le second. La fréquence du second creux initialement à 6.65kHz passe à 3.35kHz lorsque l'épaisseur de la coquille de polymère augmente de 1.6 mm à 3.2 mm. Ainsi, si on double l'épaisseur de la couche de polymère, on divise par deux la fréquence du second zéro de transmission. Ceci est cohérent avec le fait que la seconde résonance est localisée dans la couche de polymère et qu'elle est sensible à l'épaisseur de cette dernière.

3-3.2 Variation du paramètre de maille

Si on double le paramètre de maille de 20mm à 40mm, tous les autres paramètres restant inchangés, on éloigne les cylindres les uns des autres. L'effet principal est le déplacement vers les hautes fréquences du premier zéro et la diminution de sa largeur (figure 3.11). Cela indique que pour des facteurs de remplissage important, l'interaction entre les inclusions voisines n'est pas négligeable. En effet, bien qu'il y ait un caractère local de la résonance, les fréquences des résonances sont modifiées par la présence des inclusions voisines.

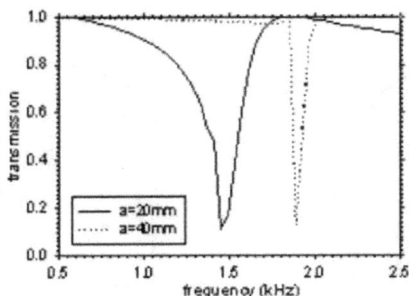

Figure 3.11 : Courbes de transmission obtenues pour deux valeurs du paramètre de maille.

3-3.3 Variation de l'épaisseur de la couche externe d'acier

Si on diminue l'épaisseur de la couche externe, e_{ac}, au profit du cœur en acier, r_i, on observe un élargissement du premier zéro de transmission (figure 3.12).

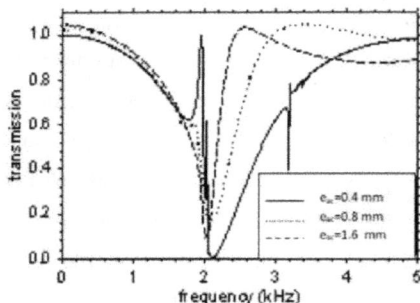

Figure 3.12 : Courbes de transmission obtenues pour 3 valeurs différentes de l'épaisseur de la couche externe d'acier.

Ceci peut être attribué à un couplage plus important de l'onde incidente avec le cœur de l'inclusion. Le mouvement de la couche externe devient ainsi relativement plus important par rapport à celui du cœur qui est plus lourd accentuant ainsi l'effet masse-ressort associé à ce mode propre.

3-3.4 Variation de la nature du polymère

Dans la figure 3.13, on utilise un polymère différent, un caoutchouc plus mou (silicone rubber [16]), qui présente des vitesses du son plus petites. La fréquence du premier zéro de transmission diminue et passe de 1.45kHz à 0.7kHz. Cette tendance est d'autant plus vérifiée pour la seconde résonance localisée dans le polymère. La fréquence du second zéro passe de 6.65 kHz à 2.12 kHz. Les vitesses effectives du cristal sont alors plus petites et entraînent par conséquent, des résonances localisées qui se produisent à des fréquences inférieures.

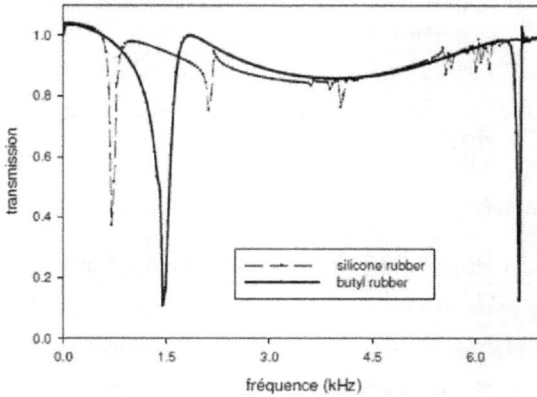

Figure 3.13 : Courbes de transmission obtenues pour deux polymères différents.

3-3.5 Élargissement de la bande interdite

Afin d'élargir la première bande interdite, nous avons envisagé la réalisation d'une combinaison de plusieurs cristaux phononiques présentant des paramètres géométriques et physiques différents.

Dans le cas présenté ici, nous avons choisi deux cristaux phononiques, dont les inclusions sont notées A et B, constitués chacun de trois cellules (figure 3.14). L'inclusion A est constituée d'un cœur de rayon r_i= 3.6 mm et d'une couche extérieure d'acier d'épaisseur e_{ac}= 0.4 mm. Pour l'inclusion B, les paramètres sont r_i = 4.0 mm et e_{pol}= 0.6 mm. Les cristaux phononiques présentent respectivement un zéro de transmission à la fréquence de 1.0 kHz et 1.06 kHz. Cette combinaison de cristaux phononiques permet d'élargir le gap. On a identifié pour chacun des cristaux phononiques la contribution apportée à la transmission. Il en résulte une juxtaposition des zéros et l'élargissement des zéros par chevauchement des bandes interdites.

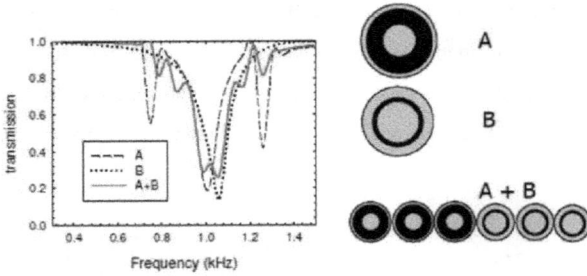

Figure 3.14 : Courbes de transmission obtenues avec 6 cylindres A, 6 cylindres B et 3 cylindres A+B comme indiqué sur le schéma. Les cylindres A et B diffèrent par le rayon intérieur du cœur, de l'épaisseur de la couche de polymère et par l'épaisseur de la couche d'acier externe.

3-3.6 Conclusion

En conclusion de cette partie, nous avons montré l'existence de zéros de transmission à très basse fréquence. Deux types de résonances localisées ont été mis en évidence. La première est associée à une oscillation sana déformation des parties rigides des inclusions, à savoir le cœur et l'anneau en acier, le polymère jouant le rôle d'un ressort. La seconde, à des fréquences plus élevées, correspondant à un mode propre du polymère. Enfin, une étude exhaustive de l'influence des paramètres physiques et géométriques a été réalisée. Celle-ci a été utilisée de manière à obtenir un élargissement du gap basse fréquence par une association de deux cristaux phononiques.

3-4 Structure de bandes et coefficients de transmission dans le cas d'inclusions multi coaxiales (multicouches).

Dans cette partie, on cherche à multiplier le nombre de zéros de transmission relatif à des résonances localisées qui se produisent à très basses fréquences. Pour cela, on augmente le nombre de couches qui alternent les matériaux durs et mous tout en conservant le matériau dur en contact avec l'eau (N pair).

3-4.1 Évolution du nombre de zéros de transmission en fonction du nombre d'inclusions de polymères

La figure 3.15 représente les courbes de transmission calculées pour une augmentation du nombre de couches N=2, N=4 et N=6. Nous nous sommes intéressés en premier lieu à l'effet de l'augmentation de N sur le zéro de transmission à basse fréquence. On note que si N=4, la courbe de transmission possède deux zéros à basse fréquence (1 à 4 kHz) ; elle en possède trois lorsque N=6. Afin de caractériser ces zéros de transmission, nous allons les étudier plus précisément dans le cas où N=6.

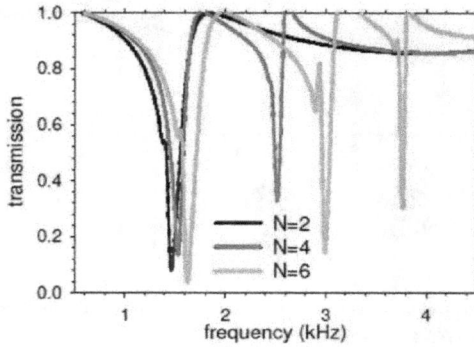

Figure 3.15 : Courbes de transmission selon ΓX pour N=2, N=4 et N=6.

3-4.2 Étude du cas où N=6, cylindres multicouches constitués d'un cœur d'acier recouvert de 3 alternances de couches de polymère et d'acier.

La figure 3.16b reprend le calcul de la transmission dans le cas où N=6. La courbe est complétée par celle obtenue dans la direction ΓM. Nous constatons que les trois premiers pics coïncident, ce qui permet de les attribuer à des gaps absolus.

En traçant pour les trois premiers gaps la carte de champs associée aux trois fréquences (figure 3.17), on peut de la même manière que précédemment schématiser les sens des déplacements.

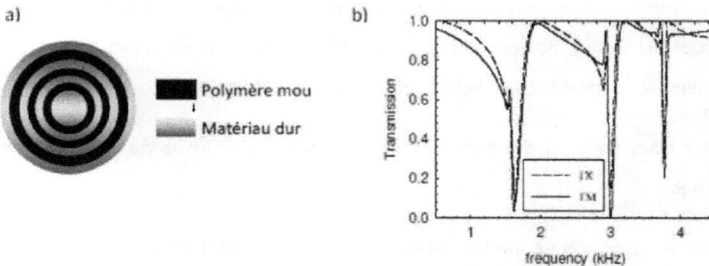

Figure 3.16 : (a) Schéma de la cellule unité. (b) Courbes de transmission selon ΓX et ΓM pour la structure étudiée avec N=6.

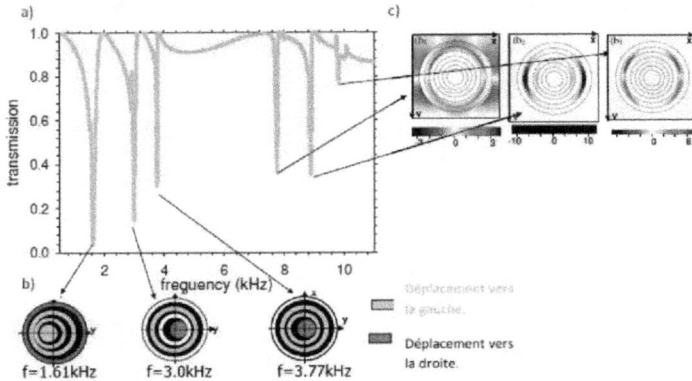

Figure 3.17 : Schématisation des déplacements relatifs des couches de matériaux dans les cellules unités pour chacune des fréquences des zéros de transmission. En blanc, les parties immobiles, en rouge les déplacements en phases et en bleu en opposition de phases.

On remarque que le premier zéro correspond à un mouvement du cœur et des deux couches d'acier qui l'entourent en opposition de phase avec la 3ème couche externe, les couches de polymère jouant simplement le rôle de liens élastiques. Les second et troisième modes correspondent à d'autres mouvements des parties rigides reliées entres elles par les parties élastiques constituées du polymère.

Le second ensemble de zéros, aux fréquences plus élevées (f > 6 kHz, figure 3.17c) présente des maxima de champ de déplacement localisés dans les couches de polymère alors que le cœur et les couches dites dures restent immobiles.

On peut ainsi relever deux ensembles de zéros de transmission d'origine physique différente. Chacun est à mettre en relation avec le cas de figure étudié au début pour N=2. En effet, le premier ensemble de zéros correspond à des mouvements relatifs des parties en acier de la structure qui bougent de façon rigide. Le second correspond à des résonances localisées dans les parties molles de la structure, à savoir le polymère.

3-4.3 Élargissement des bandes interdites par combinaison de différents cylindres multicouches

Dans le but d'augmenter le nombre et/ou d'élargir les zéros de transmission, nous avons réalisé une combinaison de plusieurs cristaux phononiques qui diffèrent entre eux par le rayon interne de leur cœur respectif (2.6 ; 3.0 et 3.4 mm). Sur la figure 3.18a, les épaisseurs des couches d'acier restent identiques tandis que les épaisseurs des couches de polymère sont ajustées de manière à conserver le même rayon externe. Nous avons choisi les paramètres volontairement afin d'illustrer différents cas de figure autour du premier ensemble de zéros rencontré auparavant. La première résonance de chaque cristal se produit à la même fréquence, ce qui permet de garder une bande interdite pour le cristal combiné constante. La seconde bande interdite [2.5 ; 3.5 kHz] est la conséquence d'un chevauchement des secondes résonances de chaque inclusion respective, ce qui se traduit par un élargissement du gap. Enfin, la troisième bande est le produit de la juxtaposition des résonances propres de chaque inclusion et permet de multiplier le nombre de zéros dans cette gamme de fréquence.

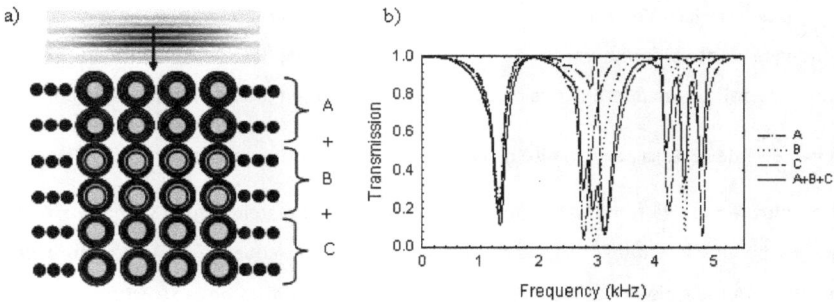

Figure 3.18 : (a) Les cristaux phononiques A, B et C diffèrent par leur géométrie. (b) Courbes de transmission pour une structure combinant 3 cristaux phononiques A, B et C comme indiqué sur le schéma.

3-4.4 Conclusion

En conclusion, nous avons étendu le cas du cœur enrobé d'une couche de polymère et d'acier au cas où l'inclusion présente un multi enrobage. Nous avons conservé un nombre pair de couches de manière à conserver une face solide en contact avec la matrice fluide. Cette structure multi coaxiale a permis de multiplier le nombre de bandes interdites à basse fréquence. Les origines physiques de ces bandes interdites sont étroitement liées avec le caractère de résonance localisée de l'inclusion. Toutefois, deux ensembles de modes peuvent être distingués, tout comme dans le cas où N=2. Dans le premier ensemble, les résonances sont dues à des oscillations de parties rigides. Dans le second, elles sont liées aux modes propres de résonance de la couche molle de polymère. Enfin, nous avons proposé une combinaison de plusieurs cristaux phononiques qui permettent de montrer la potentialité de multiplier, d'élargir ou de conserver les bandes interdites à basses fréquences.

3-5 Le cristal phononique à inclusions multicouches dans une matrice solide.

Par analogie au cas de P. Sheng [17], nous avons étudié le cas d'une inclusion dans une matrice solide. Dans cette géométrie, le polymère est en contact direct avec la matrice solide, ce qui correspond dans notre étude au cas N=1. Nous avons ensuite généralisé cette étude à N>1 tout en gardant N impair.

On constate que, pour un cœur d'acier recouvert d'une couche de polymère (silicon rubber) dans une matrice d'époxy, la courbe de transmission fait apparaître un gap à basse fréquence dont la forme rappelle une résonance dite de Fano (asymétrie du zéro de transmission). Le gap de transmission est assez étroit pour un taux de remplissage (défini par $\beta = \dfrac{\pi.r_e^2}{a^2}$) de 23%. La particularité de ce gap est sa variation avec le taux de remplissage. En effet, plus le taux de remplissage augmente plus le gap, s'élargit (figure 3.19). Cela signifie que les bandes interdites ne sont pas uniquement la conséquence de la structure de la cellule unité mais bien d'un couplage avec les voisins immédiats de la structure. Ceci est à relier avec ce que l'on a appelé les gaps d'hybridation mentionnés dans le chapitre un.

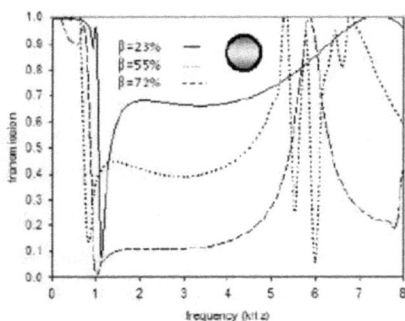

Figure 3.19 : Courbes de transmission obtenues dans le cas où la matrice est solide, constituée d'époxy pour différents taux de remplissage noté β sur la figure.

78

L'origine de ce gap est à relier avec ce qu'on a écrit auparavant, à savoir une oscillation du cœur en opposition de phase avec l'onde incidente dans la matrice. Le polymère joue le rôle de ressort qui adapte les déplacements du cœur solide vis à vis de la matrice.

En augmentant le taux de remplissage (figure 3.19), les transmissions sont plus faibles sur une gamme de fréquence plus large, conséquence d'une interaction plus importante des inclusions voisines quand les distances entre elles diminuent. Cela permet de nuancer le caractère local des résonances.

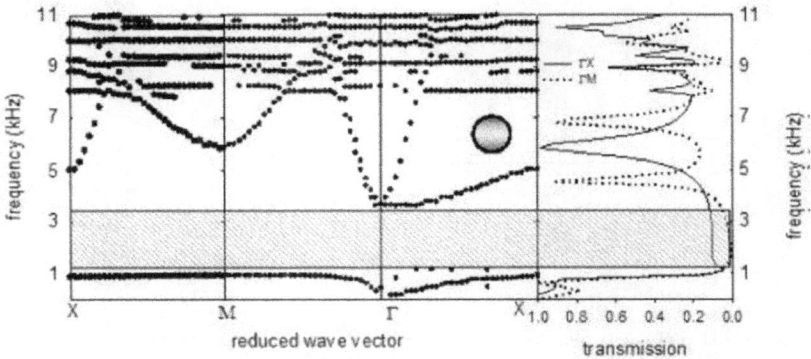

Figure 3.20 : Courbe de dispersion (a) et de transmission (b) pour le cristal phononique avec un taux de remplissage de 72%.

On peut observer sur la figure 3.20, que pour un taux de remplissage de 72% avec un rayon de 4.8mm dans un réseau de maille a=20mm, on obtient un gap qui s'étend de 1.1 à 3.5 kHz dans le domaine des fréquences audibles. Ceci constitue un gap plus large que s'il était dû à des résonances locales.

Sur la figure 3.21, l'inclusion est constituée d'un cœur recouvert de 5 couches alternant couches dures et molles, tout en conservant un taux de remplissage de 72% qui assure la transmission la plus basse et un gap large, mentionné précédemment. L'épaisseur de chacune des couches est de 0.4mm.

Comme dans le cas de la matrice fluide, l'augmentation du nombre de couches enrobant le cœur du cylindre (1 à 5) conduit à un ensemble de 3 gaps de fréquences interdites à des valeurs inférieures à 6 kHz (figure 3.21a). La formation de ces gaps a pour conséquence l'apparition de deux bandes de transmission étroites aux fréquences 2.671 kHz et 4.871 kHz dans la région de [1kHz ; 6kHz]. L'étude des champs de déplacements associés aux deux pics de transmission montre des déplacements de couches rigides d'acier alors que le polymère subit une déformation élastique.

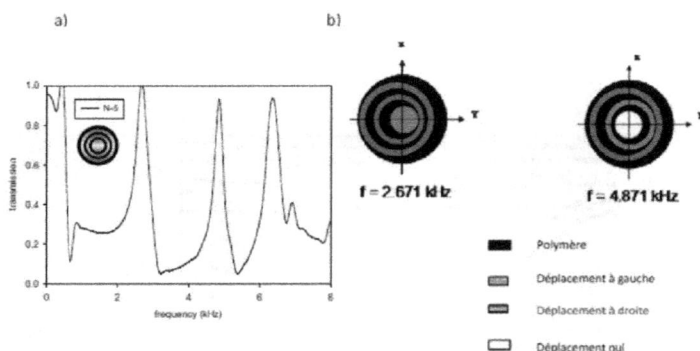

Figure 3.21 : (a) Courbe de transmission obtenue pour un cristal phononique avec N=5 et β=72%. (b) Représentation des champs de déplacement aux fréquences 2.671 kHz et 4.871 kHz.

La représentation des cartes de champs de déplacement aux fréquences 2.671 kHz et 4.871 kHz (figure 3.21b) montrent que pour les deux premiers pics de transmission, on peut attribuer le premier à un mouvement du cœur en opposition de phase avec les couches dures et le second pic à un mode de déplacement relatif des sous couches alors que le cœur reste au repos. Cela signifie que ces deux transmissions sélectives apparaissent à deux modes de résonance localisés du cylindre multi-coaxial. Un tel dispositif pourrait être utile pour obtenir des transmissions sélectives et constituer des filtres acoustiques.

3.6 Calculs des paramètres effectifs autour d'une résonance localisée.

Dans la limite où les longueurs d'ondes sont grandes par rapport à la période du cristal, celui-ci peut être remplacé par un milieu homogène effectif caractérisé par une densité de masse effective ρ_{eff} et un coefficient de compressibilité effectif κ_{eff}. Ces paramètres effectifs peuvent être calculés à chaque fréquence en égalisant les coefficients de transmission et réflexion complexes pour le vrai cristal phononique et pour le milieu homogène. En électromagnétisme, des méthodes permettant de retrouver les paramètres effectifs de la perméabilité et de la permittivité ont été développées. La méthode utilisant les coefficients de réflexion et transmission est désignée sous le terme de méthode N.R.W. pour Nicolson-Ross-Weir [74, 75]). L'idée est de se servir de ce travail et de l'appliquer aux ondes acoustiques où les paramètres recherchés sont ρ_{eff} et κ_{eff} [76, 18, 20, 21] (voir figure 3.22).

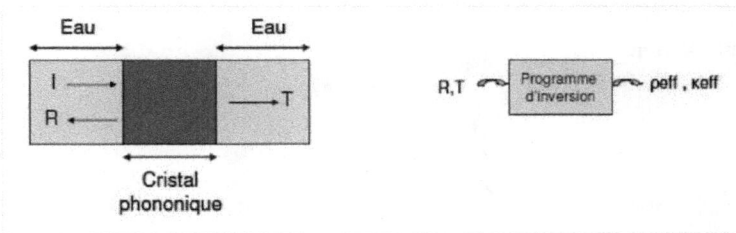

Figure 3.22 : (a) Schéma représentant le cristal phononique, l'onde incidente I, l'onde réfléchie R et l'onde transmise T avec les coefficients de réflexion et de transmission. (b) Schéma du programme d'inversion qui permet de déterminer les paramètres effectifs à partir des coefficients R et T.

Sur la figure 3.22, le cristal phononique est remplacé par un matériau homogène avec des paramètres effectifs propres, afin de conserver les vraies valeurs des coefficients de transmission et réflexion complexes R et T. Un programme d'inversion de ces coefficients permet d'obtenir les paramètres effectifs. Nous les avons calculés dans une gamme de fréquence donnée. On note respectivement Z_1 et Z_2 les impédances acoustiques des milieux 1 et 2, le milieu 1 étant l'eau et le milieu 2, le cristal phononique. Le milieu 2 dont on recherche les paramètres effectifs a une épaisseur L.

On démontre que les coefficients de réflexion et de transmission R et T sont données par les équations suivantes :

$$R = \frac{Z_1^2 - Z_2^2}{Z_1^2 + Z_2^2 + 2iZ_1Z_2 \cot\varphi} \quad \text{et} \quad T = \frac{1+R}{\cos\varphi - \dfrac{Z_2 i \sin\varphi}{Z_1}}$$

Avec φ la phase telle que $\varphi = n_{eff}kL$, où n_{eff} est l'indice de réfraction effectif et k le vecteur d'onde de l'onde incidente. On définit n_{eff} par $n_{eff} = \dfrac{v_1}{v_2}$ avec v_1 vitesse du son dans le milieu de référence, ici le milieu 1.

Afin d'inverser ces deux équations, on pose $\qquad \xi = \dfrac{Z_2}{Z_1}$.

Les équations précédentes deviennent :

$$R = \frac{-i\tan\phi\left(\dfrac{1}{\xi} - \xi\right)}{2 - i\tan\phi\left(\dfrac{1}{\xi} + \xi\right)} \quad \text{et} \quad T = \frac{2}{\cos\varphi\left[2 - i\tan\varphi\left(\dfrac{1}{\xi} - \xi\right)\right]}$$

On montre alors que :

$$\xi = \frac{Z_2}{Z_1} = \pm\sqrt{\frac{(1-R)^2 - T^2}{(1+R)^2 - T^2}}$$

$$\cos\varphi = \frac{1-(R^2-T^2)}{2T} \quad \text{ou} \quad n_{eff} = \pm\frac{\arccos\left(\dfrac{1-(R^2-T^2)}{2T}\right)}{kL} + \frac{2m\pi}{kL} \quad \text{avec m un nombre entier.}$$

Il reste alors une indétermination sur le signe de ξ et sur n_{eff} qui est défini à 2π près. Nous pouvons lever ces indéterminations en notant que la partie réelle de ξ doit être positive de façon à ce que l'échantillon soit passif. De la même manière, la partie imaginaire de n_{eff} doit être négative pour que l'onde s'atténue (plutôt que de s'amplifier) au cours de sa propagation.

Enfin, les paramètres effectifs sont donnés par:

$$\rho_{eff} = \frac{\rho_2}{\rho_1} = \frac{\xi}{n_{eff}} \quad \text{et} \quad \kappa_{eff} = \frac{\kappa_2}{\kappa_1} = \xi . n_{eff}.$$

Les paramètres effectifs sont calculés pour un cristal phononique multicouche lorsque le cœur de l'inclusion en acier est recouvert d'une couche de polymère et d'une couche d'acier, le tout inséré dans l'eau. Les courbes de transmission et de réflexion ont été calculées pour le système composé de 5 cylindres avec un paramètre de maille de 20 mm et un taux de remplissage de 55%. Cela correspond à notre étude effectuée pour le cas où N=2 (figure 3.5). Nous présentons sur la figure 3.23, le module du coefficient de réflexion ainsi que celui du coefficient de transmission dans la gamme de fréquence [0, 3 kHz]. Nous observons, à f=1.43KHz, un minimum de transmission et un maximum de réflexion. Cette résonance a déjà été discutée précédemment et correspond à une oscillation des parties rigides (cœur et anneau métallique) en opposition de phase. A cette résonance, s'ajoute un point singulier à la fréquence f_1=1.41 kHz, qui se traduit par un pic en transmission et un creux en réflexion.

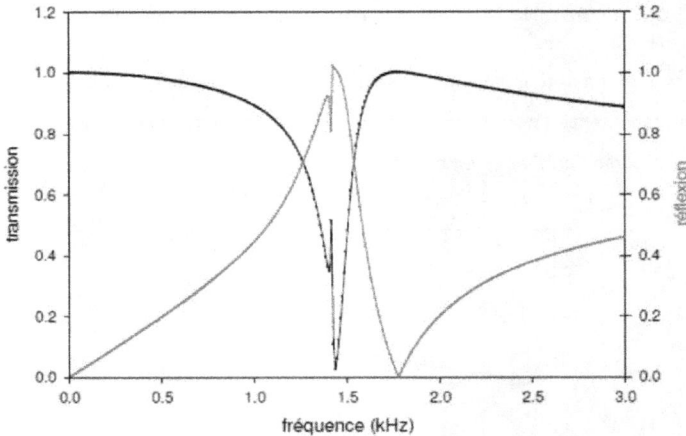

Figure 3.23 : Courbes des modules des coefficients de transmission (a) et de réflexion (b) dans le domaine de fréquence [0- 3 kHz] pour le cristal phononique avec une couche concentrique de polymère et de métal.

La connaissance des valeurs complexes des coefficients R et T conduit, par utilisation du programme d'inversion, à la détermination des propriétés effectives de ce cristal phononique. Nous avons d'abord extrait à partir des coefficients de transmission et de réflexion le rapport des impédances ξ ainsi que la phase $\varphi=n_{eff}kL$ que nous représentons respectivement figure 3.24 et 3.25.

Sur chacune des figures, nous avons représenté la partie réelle (noire) et la partie imaginaire (rouge) de ces quantités complexes.

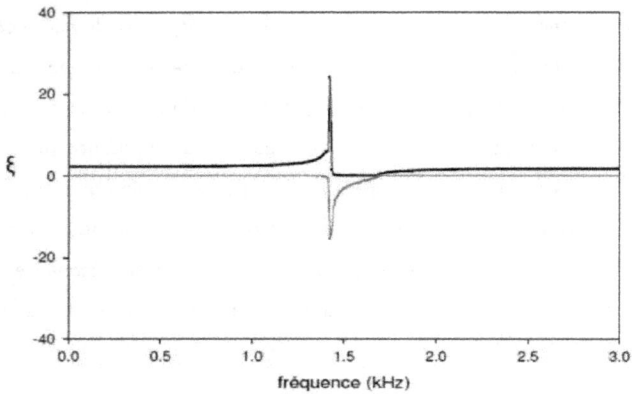

Figure 3.24 : Courbe représentant le rapport d'impédance ξ. En noir, la partie réelle et en rouge la partie imaginaire.

Sur la figure 3.24, on note que la partie réelle de ξ est positive, ce qui assure au cristal d'être passif. Simultanément, la partie imaginaire, nulle avant les résonances, devient négative puis tend vers zéro lorsqu'on s'éloigne de la résonance.

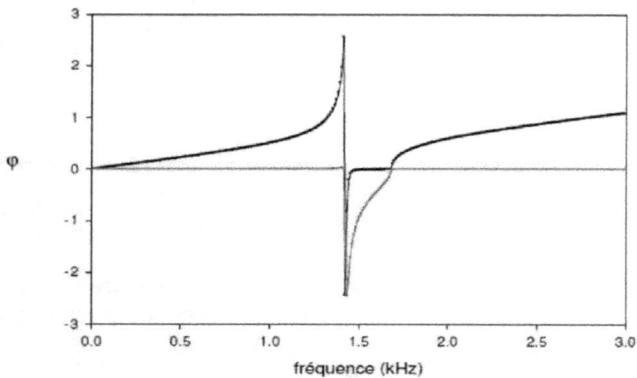

Figure 3.25 : Courbe représentant la phase. En noir, la partie réelle et en rouge la partie imaginaire.

Par ailleurs, la partie réelle de la phase (figure 3.25) montre une discontinuité à la fréquence de résonance et subit un déphasage de π. Nous pouvons identifier cette courbe à la courbe de dispersion calculée précédemment (figure 3.6). La partie imaginaire de la phase φ est nulle avant la résonance, devient négative puis tend vers zéro lorsqu'on s'en éloigne.

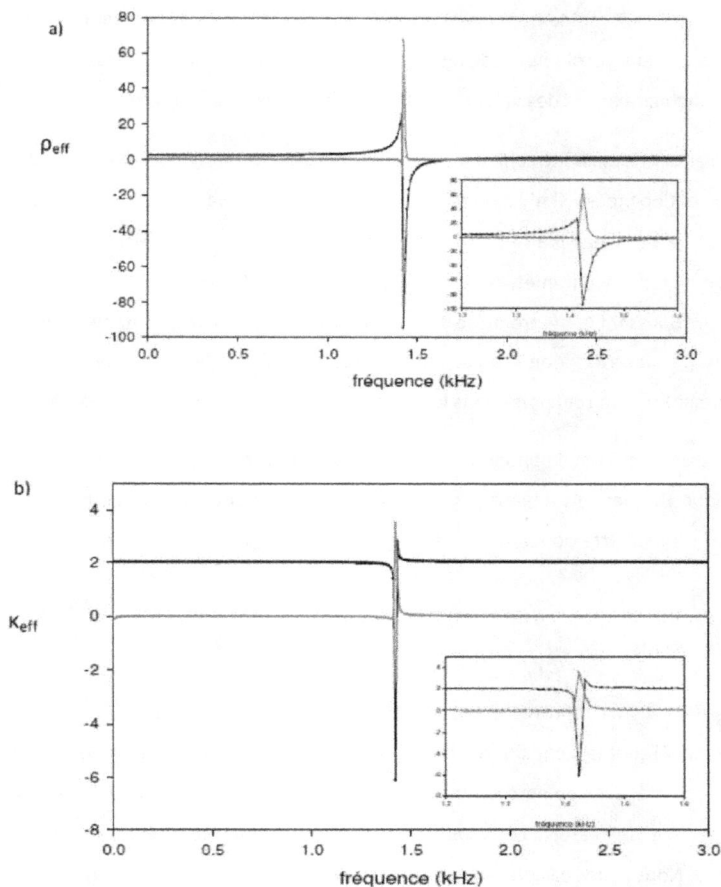

Figure 3.26 : a) Partie réelle (noir) et imaginaire (rouge) de la densité effective massique ρ_{eff}. En insert, même figure dans le domaine de fréquence (1.2 ; 1.6 kHz) autour de la fréquence de résonance. b) Partie réelle (noir) et imaginaire (rouge) du coefficient de compressibilité effectif κ_{eff}. En insert, même figure dans le domaine de fréquence (1.2 ; 1.6 kHz) autour de la fréquence de résonance.

Enfin, à partir de ces paramètres nous pouvons extraire les parties réelles et imaginaires des paramètres effectifs ρ_{eff} et κ_{eff} (figure 3.26). A basse fréquence, la densité massique est proche de celle de l'eau. En approchant de la résonance, la partie réelle de cette densité croît rapidement avant de subir une discontinuité et devenir négative, puis elle décroît en valeur absolue et redevient positive avec une valeur proche de celle de l'eau. La partie imaginaire prend des valeurs notables uniquement autour de la résonance.

La compressibilité effective subit aussi une discontinuité dans ce domaine de fréquence. Cependant, il n'y a qu'un seul point pour lequel sa partie réelle devient négative, ce qui ne permet pas d'affirmer l'existence d'un domaine de fréquence à compressibilité négative. Avec les paramètres géométriques utilisés ici, le point singulier reste unique, même en poussant à l'extrême le temps de calcul FDTD (soit 2^{26} étapes). Nous essayons d'autres paramètres géométriques qui permettent d'élargir ce comportement singulier apparaissant par un seul point dans les spectres de transmission et de réflexion.

Aussi, le cristal phononique présente les caractéristiques d'un métamatériau acoustique simplement négatif sur un domaine de fréquence. On ne peut affirmer pour le moment s'il peut être doublement négatif.

3-7 Synthèses.

Nous avons montré la possibilité d'ouvrir des gaps basses fréquences avec des structures qui sont le siège de résonances localisées. Les premières à plus basses fréquences ont été caractérisées comme un mouvement relatif des parties rigides, les parties souples jouant le rôle de ressort. Les modes à plus haute fréquence sont eux, confinés dans le polymère. Nous avons calculé, autour de la première résonance, la partie réelle de la densité massique effective et nous avons montré qu'elle changeait de signe à la fréquence de résonance.

De plus, si on augmente le nombre de couches, on peut augmenter le nombre de zéros dans cette gamme de fréquence. Cette structure permet en combinant différents cristaux phononiques, avec des paramètres physiques et/ou géométriques différents, d'élargir les zéros de transmission et obtenir des gaps plus larges et /ou plus nombreux à basses fréquences.

Par ailleurs, nous avons montré que le caractère fluide ou solide de la matrice mettait en jeu des phénomènes différents. On obtient des zéros de transmission si la matrice est de nature fluide. Si la matrice est solide, on obtient des gaps plus larges et des transmissions sélectives à basse fréquence. Un même type de résonance peut produire un zéro de transmission ou un pic de transmission sélective selon la nature fluide ou solide de la matrice. Ces structures sont de bons candidats pour l'isolation phonique dans la mesure où elles présentent un encombrement spatial faible.

Chapitre 4 : Un cristal phononique d'épaisseur finie constitué de plots cylindriques déposés sur une plaque mince. Structure de bande et guides d'ondes.

Les études sur les cristaux phononiques se sont d'abord intéressées aux ondes élastiques de volume. D'autres études concernant des modes de surface de structures semi infinies ont montré la possibilité d'obtenir des bandes interdites. Enfin de récents travaux ont caractérisé les modes de plaques et de plaques déposées sur un substrat [38,77-79].

Dans ce chapitre, nous avons étudié un nouveau cristal phononique 3D constitué de plots déposés sur une plaque fine en s'inspirant du modèle du guide associé à un stub. L'étude de guide d'ondes associé à des stubs a montré la possibilité d'obtenir des zéros de transmission directement reliée à la géométrie des stubs [80]. Nous montrerons que cette structure membranaire présente des gaps absolus que l'on étudiera en détail. Nous expliciterons les paramètres qui déterminent leur existence. Notamment, nous montrerons pour la première fois l'existence d'un gap « basse fréquence » où toutes les longueurs d'ondes sont beaucoup plus grandes que les dimensions caractéristiques de la structure. Puis, nous étudierons différents guides d'ondes obtenus à partir de cette structure. Enfin, nous étudierons la transmission entre deux substrats à travers un réseau de piliers. Nous montrerons alors l'existence d'une transmission exaltée.

Sommaire :

4-1 Géométrie du modèle étudié et conditions de calculs

Dans le modèle étudié, on s'intéresse à la structure de bande d'un cristal constitué de plots cylindriques déposés sur une plaque fine. Ce modèle permet dans certaines conditions, l'ouverture de gap très basses fréquences comme pour les cristaux phononiques à résonances locales vus précédemment. On étudiera l'évolution de ces gaps en fonction des paramètres géométriques et physiques de la structure. La structure de bandes met aussi en évidence l'existence de gaps à plus hautes fréquences, de type Bragg. Nous montrerons enfin la possibilité de créer des guides d'ondes dans chacun de ces gaps. Notons qu'une étude similaire à la notre a été effectuée simultanément par T.T. Wu et al [43] avec d'autres paramètres géométriques sans toutefois mettre en évidence de gap basse fréquence.

La plupart des calculs sont basés sur la méthode F.D.T.D. et quelques autres résultats utilisent la méthode des éléments finis.

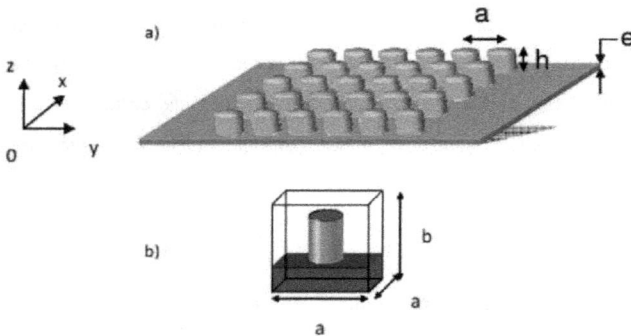

Figure 4.1.a : (a) Schéma de la plaque de silicium d'épaisseur e sur laquelle est déposé un cristal phononique constitué de plots cylindriques de hauteur h repartis sur un réseau carré de paramètre de maille a. (b) Cellule élémentaire utilisée dans le programme F.D.T.D. de dispersion à 3 dimensions.

La plupart des calculs ont été réalisés sur la structure (figure 4.1.a) constituée d'une plaque de silicium d'épaisseur e = 0.1 mm sur laquelle sont déposés des plots cylindriques d'acier de hauteur h= 0.6 mm en réseau carré de paramètre de maille a= 1 mm. Le taux de remplissage est choisi égale à f = 56.4 %, soit un rayon des cylindres de 0.42 mm.

Les courbes de dispersion sont obtenues à partir d'un code F.D.T.D. développé à trois dimensions. La cellule élémentaire est un cube de taille a x a x b (figure 4.1.b).

Ce cube est répété de manière périodique dans les trois directions de l'espace. Dans la direction z, une épaisseur de vide assure le découplage des différentes membranes. L'espace est discrétisé de manière à ce que dx = dy = dz = $\dfrac{a}{30}$ qui assure un nombre suffisant de points pour une bonne convergence spatiale des calculs. Le pas temporel est choisi tel que dt = $\dfrac{dx}{4c_l}$, c_l étant la plus grande vitesse longitudinale utilisée dans le modèle. Enfin le nombre d'itérations minimal est 2^{19} afin que les calculs convergent numériquement. Une fois les tendances obtenues, des temps de calcul plus longs ont été utilisés.

4-2 Courbes de dispersion.

4-2.1. Conditions d'existence d'un gap basse fréquence. Évolution avec les paramètres physiques et géométriques

Les courbes de dispersion (figures 4.2.a et 4.2.b) sont calculées pour une propagation dans le plan (x,y), le long des principaux axes de symétrie de la zone de Brillouin. Pour la géométrie décrite ci-dessus, nous observons l'existence de deux gaps absolus, le premier entre 265 et 327 kHz, le second entre 1280 et 2110 kHz.

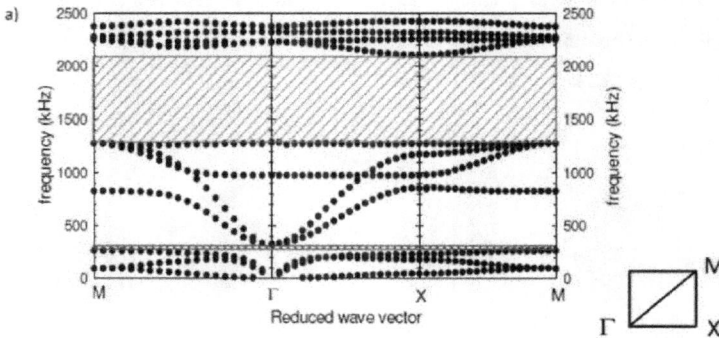

Figure 4.2.a: Courbe de dispersion calculée dans les directions ΓX, ΓM et XM de la première zone de Brillouin pour h=0.6mm, e=0.1 mm et a=1mm dans le domaine de fréquence [0, 2500] kHz.

La fréquence centrale du gap basse fréquence obtenu ici correspond à des longueurs d'ondes dans la plaque de silicium qui sont environ 10 fois plus grandes que le pas du réseau qui est de 1 mm.

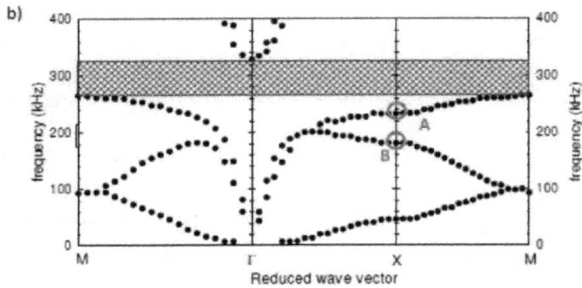

Figure 4.2.b: courbe de dispersion calculée dans les directions ΓX, ΓM et XM de la première zone de Brillouin pour h=0.6mm, e=0.1 mm et a=1mm dans le domaine de fréquence [0, 400] kHz.

Ce gap a une origine différente du gap de Bragg usuel. Il ressemble davantage aux gaps des structures des cristaux phononiques à résonances locales.

Toutefois, l'origine de la formation de ce gap est relativement plus complexe. L'étude des champs de déplacement ne permet pas de dire qu'il s'agit de modes localisés au sens strict mais qu'ils se situent principalement dans le plot et tout en diffusant dans la plaque sous le plot. Ceci est confirmé en calculant le module du champ de déplacement (figure 4.3) par éléments finis, aux points A et B de la courbe de dispersion (figure 4.2.b). Les fréquences de ces modes sont f_A= 233 kHz et f_B= 180.6 kHz.

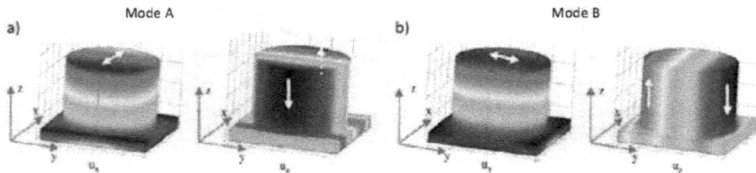

Figure 4.3: (a) Carte de champ de déplacement pour le mode A à la fréquence f_A 233 kHz en bord de zone de Brillouin selon ΓX. (b) Pour le mode B à la fréquence f_B= 180.6 kHz.

Le mode B représente une oscillation du plot dans le sens de propagation (déplacement U_y). Ce mode se couple avec la branche longitudinale qui se courbe. De manière analogue, le mode A correspond à une oscillation perpendiculaire à la direction de propagation (déplacement U_x). Ce mode se couple et courbe la branche transverse. Notons que les déplacements U_z, dans les deux cas, ne sont pas nuls. Ils émergent dans le plot mais aussi dans la plaque. Ceci explique que ce gap basse fréquence dépend du paramètre de maille a. La variation de a entraîne un déplacement ou une fermeture de la bande de fréquence interdite. En d'autres termes, l'interaction entre les plots ne peut être négligée, ce qui implique que ce mode n'est pas complètement localisé.

Au voisinage du point Γ de la zone de Brillouin, la courbe de dispersion, dans la direction ΓX présente trois branches qui sont similaires au mode de Lamb d'une plaque usuelle. Dans ce dernier cas les modes de Lamb sont identifiés comme antisymétrique (A_0), shear horizontal (SH) et symétrique (S_0). Pour notre problème, il n'y a pas de plan de symétrie, néanmoins, proche du point Γ, une des branches est pratiquement du type SH.

En effet, aux grandes longueurs d'ondes, ces branches décrivent les modes de Lamb d'une plaque homogène effective. A ces fréquences, l'onde est sensible à la moyenne et non aux détails de la structure de la plaque.

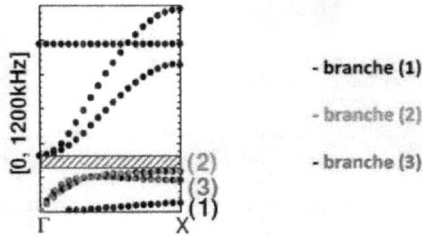

Figure 4.4 : Courbe de dispersion selon la direction ΓX pour la structure étudiée.(h= 0.6 mm, e=0.1 mm et a= 1mm)

Pour la discussion suivante, nous nous sommes intéressés à la direction ΓX de la zone de Brillouin, représenté sur la figure 4.4. On remarque que les branches se courbent lorsqu'on s'éloigne de Γ. Ce comportement est très sensible aux paramètres e et h. L'étude du comportement de ces branches (déplacement et courbure) en fonction de la hauteur h des plots ou de l'épaisseur e de la plaque permet de choisir le bon jeu de paramètres (e, h) qui contrôle la formation du gap basse fréquence.

Une augmentation de l'épaisseur e entraîne un déplacement général de toutes les branches de dispersion vers les hautes fréquences (figure 4.5). Mais, en augmentant e, la branche 3 se déplace vers les hautes fréquences plus vite que la branche 2 et ferme le gap. Typiquement, l'épaisseur de la plaque ne doit pas dépasser 0.4a (0.4 mm dans cet exemple) si on veut conserver un gap basse fréquence tout en gardant les autres paramètres inchangés.

Par ailleurs, une hauteur h plus importante des plots déplace l'ensemble des branches vers les basses fréquences (figure 3.6). Mais le déplacement de la branche 3 est plus lent ce qui entraîne la fermeture du gap. Typiquement, la hauteur de la plaque ne doit pas dépasser a, le paramètre de maille.

Les paramètres e et h sont antagonistes. Pour obtenir un gap basse fréquence le plus large possible, il faut alors choisir le bon couple de valeurs (h, e).

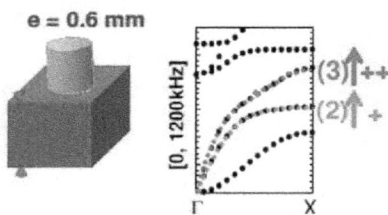

Figure 4.5 : Courbe de dispersion obtenue pour une épaisseur de plaque e=0.6mm et h= 0.6 mm. Les branches se déplacent vers les hautes fréquences. La branche 3 se déplace plus vite que la branche 2 et ferme le gap.

Ainsi, une épaisseur faible (de un à quelques dixièmes du paramètre de maille a) et une hauteur correspondant à une fraction de a permet d'obtenir un gap à basse fréquences.

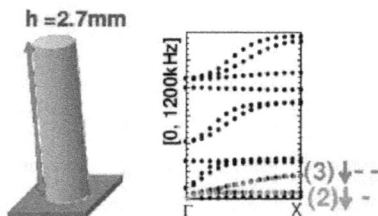

Figure 4.6 : Courbe de dispersion obtenue pour une hauteur de plaque h= 2.7mm. Les branches se déplacent vers les basses fréquences. La branche 3 se déplace plus lentement et ferme le gap.

Nous avons vu précédemment, lors de l'étude des modes propres, que la courbure de la branche 3 était reliée à un couplage entre le mode longitudinal et la composante U_y du mode propre de vibration du plot (mode B). De manière analogue, la courbure de la branche 2 est reliée à un couplage entre le mode transverse et la composante U_x du mode propre de vibration du plot (mode A). On remarque que la dépendance de ces deux couplages n'agit pas de manière équivalente en fonction des paramètres e et h. Quelles que soient les variations de h et de e, la branche 2 reste relativement plate sur une grande partie de la zone de Brillouin, ce qui n'est pas le cas de la branche 3. Ceci confère au mode A un comportement résonant plus localisé que le mode B. Par ailleurs, nous constatons que la branche 3 ferme toujours le gap, par variation de e et h. Nous pouvons déduire que la vibration du plot interagit plus fortement avec la branche 2 qu'avec la branche 3.

L'ajustement des paramètres e et h permet de contrôler le déplacement des branches (2) et (3) l'une par rapport à l'autre et ainsi d'optimiser l'existence et la largeur du gap basse fréquence.

On étudie maintenant l'effet des autres paramètres géométriques et physiques.

i) en fonction du taux de remplissage

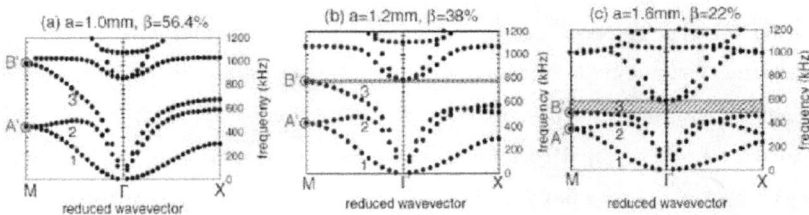

Figure 4.7 : Étude des courbes de dispersion en fonction du taux de remplissage dans le domaine des basses fréquences. (a) a=1.0 mm et β=56.4%. (b) a=1.2 mm et β=56.4%. (c) a=1.6mm et β=56.4%.

Dans la figure 4.7.a, on considère le cas où e=0.4mm, h=0.6mm et β=56.4%. Avec ces paramètres, le gap est fermé dans la direction ΓM. Nous avons, pour les figures a à c, augmenté le paramètre de maille, ce qui revient, en gardant tout le reste constant, à diminuer le taux de remplissage. On peut alors constater que les déplacements relatifs des branches permettent l'ouverture du gap basse fréquence. La courbure des branches contrôle aussi l'ouverture de ce gap. Quand les plots sont bien éloignés les uns des autres, le gap est le plus large. Cela indique une influence importante du taux de remplissage qui agit principalement sur la branche 3. Ce comportement est conforme au caractère moins localisé du mode 3 par rapport au mode 2.

On peut ici résumer l'évolution de ce gap basse fréquence en fonction de a, h et e. il apparaît clairement que ces trois paramètres assurent l'ouverture du gap basse fréquence. Ils conditionnent le déplacement en fréquence et la courbure des branches 2 et 3 qui contrôlent l'existence de ce gap. Signalons par ailleurs que la fréquence centrale du gap diminue si on augmente h (ou a) et si on diminue e. Ce dernier comportement est contradictoire avec l'idée attendue.

ii) En fonction des paramètres physiques

Dans cette partie, nous avons étudié l'évolution des limites du gap basse fréquence pour différentes combinaisons de matériaux de la plaque et des plots. Dans ces différents cas de figure, nous avons gardé les mêmes paramètres géométriques, à savoir : e= 0.1 mm, h= 0.6 mm et a= 1 mm (figure 4.8).

Le premier diagramme (figure 4.8.a) concerne un plot d'acier sur des plaques de tungstène, acier, silicium, aluminium et époxy. Le second diagramme (figure 4.8.b) concerne un plot dont on fait varier la nature physique avec les matériaux précédents sur une plaque de silicium. On peut souligner que le gap existe quelle que soit la nature du matériau constituant la plaque ou le plot. Cela renforce l'idée que ce gap est lié de manière plus importante aux paramètres géométriques qu'aux paramètres physiques. En revanche, la fréquence centrale du gap dépend fortement du choix des matériaux. Le gap le plus bas en fréquence est obtenu pour les plots de forte densité, le tungstène, sur une plaque de faible densité, l'époxy (figure 4.8.c). Il se produit dans l'intervalle de fréquences [33-43 kHz]. Comme il a été dit précédemment, ces résultats peuvent subir une loi d'échelle. Par exemple, cela permet d'obtenir un gap dans le domaine des fréquences audibles autour de 2 kHz pour un système dont le paramètre de maille est 20 mm. De tels systèmes peuvent être utilisés pour des structures mécaniques de hautes précisions afin d'obtenir un environnement sans perturbations vibrationnelles.

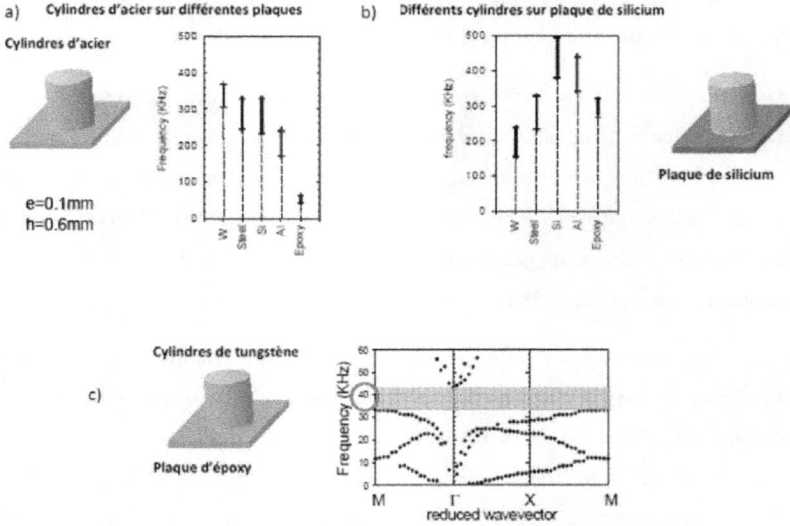

Figure 4.8 : Évolution du gap basse fréquence en fonction de la nature de la plaque (a) et du plot (b). (c) Exemple de courbe de dispersion pour un cylindre de forte densité sur une plaque de faible densité. La fréquence centrale apparait alors à 40 kHz.

Dans un article paru récemment [81], d'autres matériaux ont été utilisés qui permettent d'obtenir des gaps basses fréquences avec la géométrie étudiée. Cette équipe présente une structure identique à la notre en étudiant le cas d'une plaque très fine d'époxy (e=0.05 a) sur laquelle est déposé un cristal phononique composé de cylindres de polymère de hauteur h=0.5a selon une structure périodique carré de paramètre de maille a. Ils obtiennent un gap très basse fréquence, deux ordres en dessous du gap de Bragg. Le polymère utilisé qui possède des vitesses très petites et une épaisseur de plaque deux fois plus fine permettent de baisser fortement la fréquence du gap basse fréquence. Toutefois, notre étude présente l'avantage d'utiliser des matériaux usuels et des paramètres géométriques qui permettent la réalisation technologique de cette structure.

4-2.2 Évolution des gaps haute fréquence avec les paramètres géométriques. Effet des résonances individuelles des plots.

On a vu que le cristal phononique présente aussi un gap à haute fréquence. Nous allons étudier l'évolution de ce gap en fonction des paramètres géométriques de la structure comme l'épaisseur de la plaque et la hauteur des plots.

Avec les paramètres e= 0.1 mm, h= 0.6 mm et a= 1 mm, le gap se produit pour une fréquence centrale de 1.7 MHz ce qui correspond à une longueur d'onde d'environ 5 mm dans le silicium ou dans l'acier, soit de l'ordre du paramètre de maille.

Afin de caractériser ce gap haute fréquence, et éviter d'avoir des discrétisations trop élevées du fait des hauteurs de plots, on choisit pour cette partie une épaisseur de plaque de 0.2a. Cela permet d'effectuer un grand nombre de calculs et de diminuer les temps de calcul. Une hauteur de 0.6 mm avec un taux de remplissage de 56.4 % ont été choisis. La structure de bande laisse apparaître un gap basse fréquence vers 550 kHz et 2 gaps dans les domaines de fréquence suivants : 1560-1887kHz et 2092-2328kHz (figure 4.9a).

Lorsqu'on augmente la hauteur des plots de 0.6a à 1.5a puis 2.7a (figure 4.9.a, b, c), on remarque dans le domaine [0, 2500 kHz] que les fréquences centrales de ces gaps diminuent vers des fréquences plus basses alors que dans le même temps d'autres gaps plus fins apparaissent à des fréquences plus hautes. On peut remarquer que, pour les gaps les plus bas, leur ouverture est la conséquence de coupure des branches acoustiques avec des bandes plates. Ceci est à mettre en relation avec le mode de formation des gaps dus aux résonances localisées des plots. Ces ouvertures de gaps sont à différencier du cas précédent. En effet, les deux branches longitudinales et transverses se courbent à la même fréquence. Il s'agit ici de mode de résonance parfaitement localisé dans les plots et correspondent à des modes de résonance des cylindres.

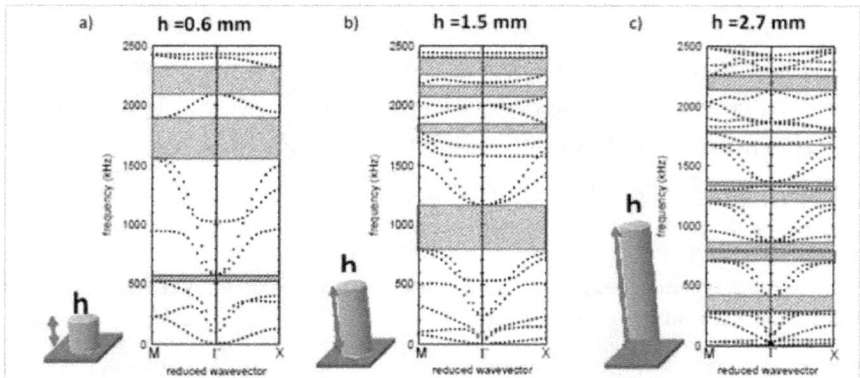

Figure 4.9 : Évolution du gap haute fréquence avec la hauteur des plots. a) h=0.6 mm b) h=1.5 mm et c) h=2.7 mm.

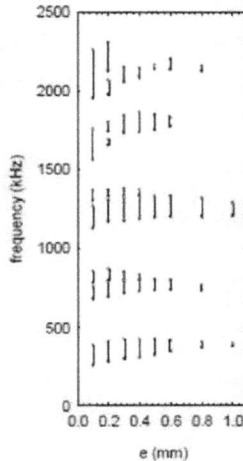

Figure 4.10 : Évolution de la position en fréquence des gaps pour e variant de 0.1mm à 1mm.

Lorsqu'on étudie l'évolution des gaps de la figure 4.10.a avec l'épaisseur de la plaque allant de 0.1a à 1.0a (figure 4.10), on peut constater une faible variation de la fréquence centrale. Cependant, on remarque que la plupart des gaps disparaissent pour e > a (1 mm). Remarquons ici, pour une hauteur h= 2.7 mm (figure 4.9.c), nous obtenons un gap qui apparaît à des fréquences autour de 400 kHz. Ce gap ne peut être qualifié de gap basse fréquence au sens que l'on a défini dans le chapitre un, c'est à dire qu'il ne correspond pas à des longueurs d'ondes supérieures aux paramètres géométriques de la structure du fait de l'augmentation de la hauteur des plots (h= 2.7 a).

4-3. Influence de la géométrie des plots et de la symétrie du réseau sur les structures de bandes.

4-3.1 Plots de section carrée et influence de la rotation des plots

L'objectif est de modifier la structure de bandes en changent la géométrie des plots. Nous avons changé la forme des plots et avons choisi des plots parallélépipédiques de section carrée. Nous avons ainsi la possibilité d'observer l'influence sur la structure de bande par rotation de ces plots. Afin de comparer avec le cas des cylindres, nous avons conservé les plots en acier sur une plaque en silicium. Les paramètres choisis sont a=1 mm, h=0.6 mm, e=0.1 mm et le coté c=0.7 mm. Le taux de remplissage est alors de 49% et nous permet ainsi de faire pivoter les plots de 0 à 45 degrés sans qu'ils se touchent. Sur la figure 4.11, la structure de bande est qualitativement inchangée. Elle présente un gap à basse fréquence [0.23, 0.28 MHz] et un gap haute fréquence [1.33, 2.12 MHz]. Ce dernier est partagé en deux parties du fait d'une bande plate qui apparaît à 1.61 MHz.

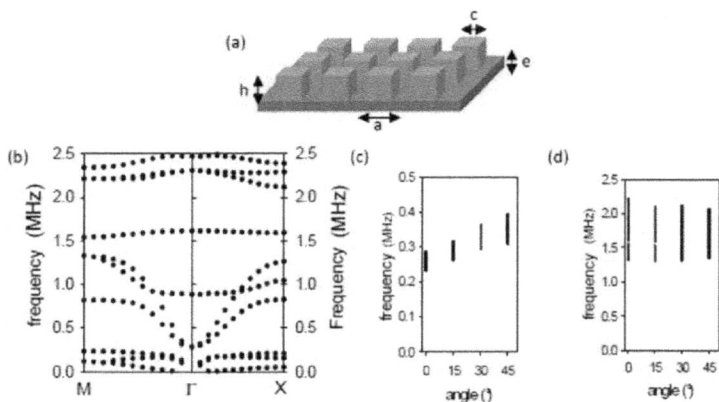

Figure 4.11 : (a) Schéma de la plaque de silicium d'épaisseur e=0.1 mm sur laquelle est déposé un cristal phononique constitué de plots de section carrée (c=0.7 mm) de hauteur h=0.6 mm dans un réseau carré périodique de paramètre de maille a=1 mm, ce qui correspond à un taux de remplissage de 49 %.(b) Courbe de dispersion pour cette structure. (c) et (d) évolutions des gaps basses fréquence et haute fréquence en fonction de l'angle de rotation.

L'évolution de ces gaps, lorsqu'on fait tourner les plots de 0 à 45 degrés, est représentée sur la même figure. On remarque que le gap basse fréquence monte en fréquence et s'élargit (de 52 kHz à 80 kHz). Le gap haute fréquence quant à lui est modifié, à cause de la bande plate qui dès 30 degrés descend en fréquence, sort du gap et ainsi ne partage plus le gap en deux parties. Ainsi la position de cette bande plate peut être contrôlée et être utilisée pour des transmissions sélectives à faible vitesse de groupe (phonons lents).

4-3.2 Plots de part et d'autre de la membrane

Les calculs effectués jusqu'à présent ont été réalisés à l'aide de la méthode F.D.T.D. que nous avons explicitée dans le chapitre 2. Les calculs suivants ont été effectués avec la méthode des éléments finis avec le logiciel Comsol Multiphysics. Les tendances observées restent les mêmes pour les deux méthodes, mais la convergence est meilleure avec les éléments finis. En effet, les calculs FDTD requièrent des discrétisations importantes et par conséquent des temps de calculs plus longs à 3 dimensions. Aussi afin de pouvoir comparer les résultats obtenus, nous présentons figure 4.12 le calcul obtenu avec les éléments finis qui servira de point de comparaison dans la suite. Celle-ci est obtenue avec une plaque d'épaisseur e=0.1 mm, un plot de hauteur h=0.6 mm et un facteur de remplissage β= 56.4%.

Nous avons envisagé la structure de la figure 4.13, qui consiste à ajouter un plot de l'autre côté de la membrane (de hauteur h') par rapport au modèle précédent. L'objectif est de montrer l'influence de ce second plot sur l'existence et/ou l'élargissement des bandes interdites pour différentes valeurs de la hauteur h'. Cette étude est inspirée du travail sur l'influence des stubs placés de manière symétrique sur un guide d'onde.

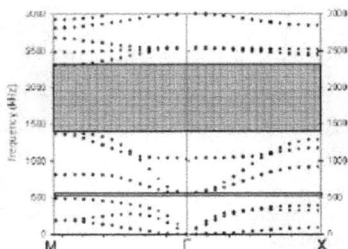

Figure 4.12 : Courbe de dispersion obtenue pour une membrane d'épaisseur e sur laquelle est déposé un réseau carré (a= 1 mm) de plots cylindriques de hauteur h avec e=0.1 mm, h=0.6 mm et β= 56.4%.

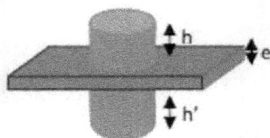

Figure 4.13 : Cellule unité de la structure périodique composée d'un plot de hauteur h et d'un autre plot de hauteur h' de l'autre coté de la membrane.

La figure 4.14 représente les courbes de dispersion pour les valeurs h'= 0.2 mm, h'= 0.4 mm et h'= 0.6 mm.

Le gap basse fréquence se ferme dès que l'on ajoute un plot de l'autre coté de la membrane, soit un cylindre de hauteur h'= 0.1a. Pour une hauteur h'= 0.2 mm, on observe une diminution de la fréquence centrale du gap haute fréquence, sa largeur restant constante. Simultanément, les trois premières branches montent en fréquence. Pour une hauteur h'= 0.4 mm, la limite inférieure du gap reste constante. Cependant, la branche représentée en couleur sur la figure 4.14, voit sa courbure changer. Des nouvelles branches viennent partitionner le gap. Pour h'= 0.6 mm, la courbure de la branche représentée en rouge sur la figure 4.14c est plus prononcée et des bandes plates descendent dans le domaine de la bande interdite. Sur cette figure, cette branche possède maintenant une courbure négative, ce qui peut trouver des applications liées à la réfraction négative des cristaux phononiques.

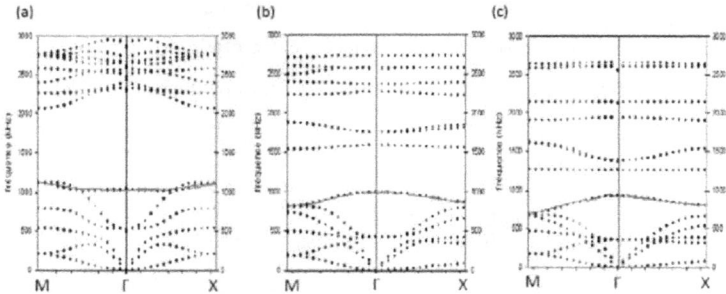

Figure 4.14 : Courbes de dispersion obtenues pour différentes valeurs de h', les autres paramètres restant constants. (a) h'= 0.2 mm. b) h'= 0.4 mm et c) h'=0.6 mm.

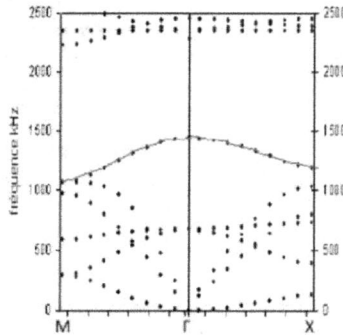

Figure 4.15 : Courbe de dispersion obtenue avec les paramètres e=0.1 mm, h= 0.3 mm et h'= 0.3 mm.

Nous avons aussi envisagé la structure constituée de plots symétriques de part et d'autre de la membrane, c'est à dire des plots de hauteur 0.3a. La courbe de dispersion (figure 4.15) montre que le gap basse fréquence est fermé mais que le gap haute fréquence subsiste dans le même domaine de fréquence. On observe également la branche qui possède une courbure négative. Pour des hauteurs de plots symétriques plus grandes, comme sur la figure 4.14c, le gap basse fréquence reste fermé. On observe une partition du gap haute fréquence et une fréquence centrale de ce gap qui diminue pour passer de 1600 kHz à 1000 kHz sans que l'on puisse qualifier le gap de gap basse fréquence au sens où les longueurs d'ondes seraient beaucoup plus grandes que toutes les dimensions caractéristiques dans la structure.

Ainsi, si on veut obtenir un gap avec une structure de plots symétriques dans le même domaine de fréquence que celle du plot simple déposé sur la membrane, il vaut mieux utiliser une structure constituée des plots symétriques de petite taille (0.3a). Pour conclure, le cas de plots de part et d'autre de la membrane n'est pas plus avantageux que le plot simple déposé sur la membrane pour l'existence et la largeur des bandes interdites. En revanche, il trouve une utilité dés lors que l'on s'intéresse au phénomène de réfraction négative pour la branche de pente négative et pour des transmissions sélectives par des phonons lents du fait des bandes plates qui émergent dans le gap.

4-3.3 Réseaux triangulaire et graphite de plots déposés sur une membrane

Jusqu'à présent nous avons étudié un réseau carré de plots déposés sur une plaque fine. L'objectif de ce paragraphe est d'étudier l'influence du réseau sur l'existence et la largeur des gaps. Les calculs des courbes de dispersion ont été réalisés sur les réseaux triangulaire et graphite. Les matériaux sont les mêmes, à savoir des plots d'acier sur une membrane de silicium organisé selon un réseau carré. Les résultats sont rassemblés sous la forme de cartographies donnant les limites des bandes interdites en fonction de la variation d'un paramètre géométrique. Nous représenterons la bande interdite par une région grise. La figure 4.16.a représente, pour chaque réseau, l'évolution de la bande interdite en fonction de la hauteur des plots. Pour cette étude, l'épaisseur de la plaque et le rayon du cylindre sont constants (e= 0.1a, r= 0.42a). La figure 4.16.b illustre l'évolution des bandes interdites en fonction de l'épaisseur de la plaque pour h= 0.6a et r= 0.42a constants.

Le gap basse fréquence existe pour le réseau triangulaire et persiste pour des valeurs de h/a supérieure à 0.7 alors qu'il se ferme pour le réseau carré. Pour le réseau graphite, un gap basse fréquence, plus petit, existe pour toutes les valeurs de h/a comprises entre 0.1 et 1. Si on augmente l'épaisseur de la plaque, le gap basse fréquence se ferme pour e > 0.3a alors qu'il se ferme dés e= 0.2a pour le réseau carré. Pour le réseau graphite, le gap n'existe plus dés 0.2a. Il en résulte une meilleure robustesse du gap basse fréquence pour le réseau triangulaire.

Pour le gap haute fréquence, lors de la variation du rapport h/a, on note que celui-ci existe mais descend en fréquence pour les réseaux carré, triangulaire et graphite. Il est cependant plus large pour le réseau triangulaire. Lors de la variation du rapport e/a, le gap haute fréquence se ferme lorsqu'on augmente e tout en gardant une fréquence centrale presque constante. La largeur peut être plus importante pour les réseaux graphite et triangulaire que pour le réseau carré.

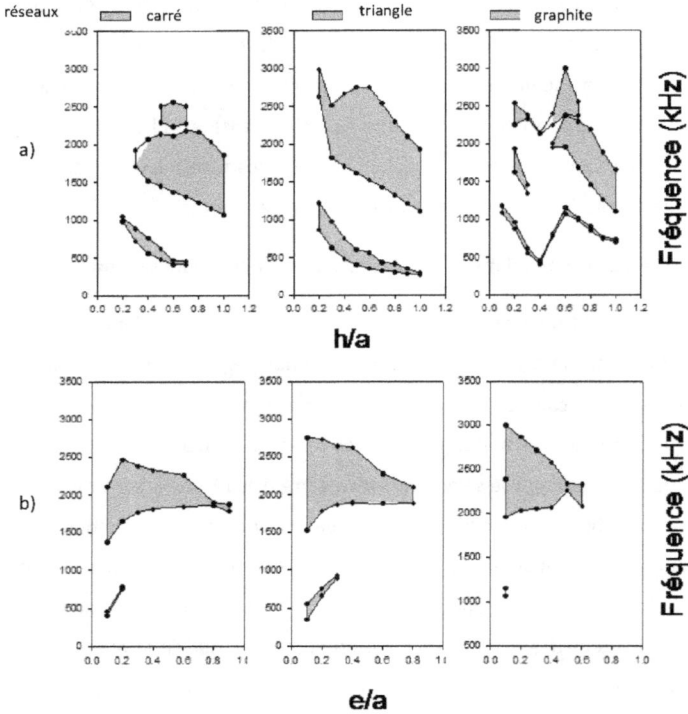

Figure 4.16 : Cartographie des bandes interdites pour les réseaux carrés, triangulaire et graphite. (a) Évolution en fonction de h/a avec e=0.1a et r=0.42a. b) Évolution en fonction de e/a avec h=0.6a et r=0.42a.

Nous avons, parallèlement à cette étude, envisagé la possibilité de l'occurrence simultanée de bandes interdites photoniques et phononiques dans ce type de structure [67]. Dans un précédent article [83], dans le cas d'une membrane de silicium percée de trous d'air, nous avions montré que la nature du réseau jouait un rôle essentiel dans la coexistence de gaps photoniques et phononiques. La structure graphite était plus favorable que la structure carrée où un facteur de remplissage important était nécessaire. Le réseau triangulaire, quant à lui, ne présentait pas de bandes interdites phononiques. De plus les gaps photoniques n'existaient qu'avec une certaine polarisation du champ électromagnétique à l'exception du réseau graphite où on peut trouver un gap absolu pour toutes les polarisations mais pour un domaine restreint des paramètres. L'originalité de la structure des plots sur une membrane est qu'elle propose une alternative aux plaques percées et qu'elle autorise un large choix de paramètres. Dans cette perspective, nous avons étudié le système de plots de silicium déposés sur une membrane de silice. Nous avons montré que cette structure permettait d'obtenir des gaps photoniques et phononiques simultanément pour les réseaux graphite, triangulaire et carré. Nous avons proposé des paramètres géométriques compatibles avec leur réalisation technologique. Nous avons montré qu'il était possible d'obtenir un gap photonique correspondant à la longueur d'onde λ des télécommunications (λ voisine de 1550nm). Le gap phononique associé s'ouvre alors dans une gamme de fréquence de quelques GigaHertz. Par ailleurs, nous avons montré que le réseau triangulaire permettait le plus grand choix de paramètres géométriques pour obtenir simultanément des gaps phononiques et photoniques, ce qui fait de ce réseau un bon candidat pour la création de défauts structurels (guides et cavités) pour des applications comme le confinement et le guidage du son et de la lumière dans une structure unique. Les cristaux photoniques et phononiques sont prometteurs pour les développements dans les domaines de l'acousto-optique et du contrôle des interactions entre les phonons et les photons.

4-4 Plots déposés sur une plaque épaisse tendant vers un substrat semi-infini.

L'étude précédente a porté sur les plots déposés sur une plaque fine. Nous avons étudié l'influence de l'épaisseur de la plaque sur la structure de bande. La structure est composée de plots d'acier déposés sur une plaque d'épaisseur e. Les paramètres des plots sont une hauteur h=0.5 a, un rayon r= 0.45a et a= 1mm. Nous avons calculé les courbes de dispersion en modifiant l'épaisseur de la plaque (figure 4.17). En diminuant e de 0.1a à 0.02 a, le gap basse fréquence subsiste, sa fréquence centrale diminue (de 500 kHz à 200 kHz) mais sa largeur aussi, jusqu'à se fermer pour des épaisseurs voisines de 0.02a. En revanche, en augmentant e jusqu'à 0.3a, le gap basse fréquence voit sa fréquence centrale augmenter tout en diminuant sa largeur, pour se fermer à 0.3a.

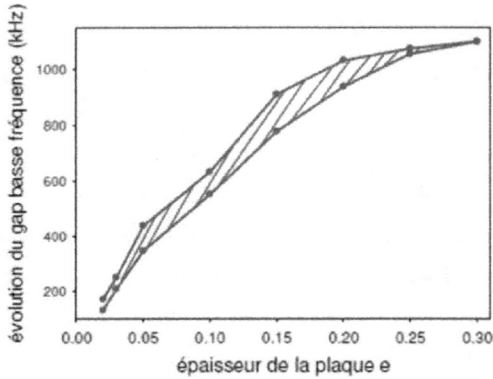

Figure 4.17 : Schéma représentant l'évolution de la position du gap basse fréquence pour différentes épaisseurs de plaque e entre 0.02a et 0.3a. Les autres paramètres sont h=0.5a, r/a= 0.45 et a= 1 mm.

Pour des épaisseurs supérieures, le gap basse fréquence est fermé, le nombre de modes augmente sensiblement et ne permet plus l'existence de bandes interdites absolues, même à haute fréquence. Lorsque l'épaisseur de la plaque devient supérieure à quelques longueurs d'ondes, elle peut alors être considérée comme un substrat semi infini. Ainsi, la plaque devient suffisamment épaisse pour pouvoir tracer le cône du son au-delà duquel les ondes sont rayonnées dans le substrat. Celui-ci permet d'établir la limite de propagation des modes dans le volume. Nous avons calculé la courbe de dispersion d'une structure périodique dont la cellule unité est constituée d'un plot cylindrique d'acier sur un substrat de silicium (figure 4.18).

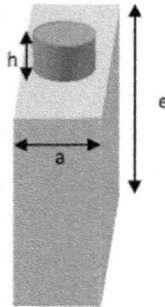

Figure 4.18 : Schéma de la cellule élémentaire du plot d'acier déposé sur une plaque épaisse de silicium. Les paramètres sont h=0.5a, e=3a, r/a=0.45 et a=1 mm.

Nous avons représenté sur la courbe de dispersion (figure 4.19), la ligne du son pour le substrat de silicium. On remarque que des branches existent en dessous de cette ligne. Celles-ci sont attribuées à des modes localisés en surface, au voisinage des plots et dans les plots eux-mêmes [82]. La structuration périodique de la surface introduit des bandes interdites. Nous avons représenté alors les trois premiers gaps définies sur une zone limitée de la zone de Brillouin, délimitée par les lignes du son du silicium. Afin de confirmer la localisation de ces modes de surface, nous avons calculé les cartes de champs associées aux 6 premiers modes en bord de zone de Brillouin au point X. Nous représentons à titre d'exemple sur la figure 4.19.b le mode 1, repéré sur la figure 4.19.a.

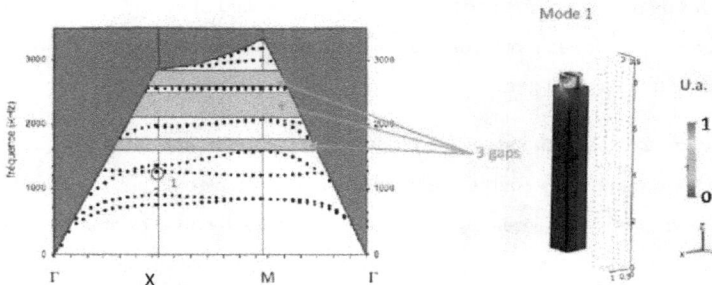

Figure 4.19 : (a) Courbe de dispersion pour la structure composée d'un plot cylindrique sur une plaque d'épaisseur e= 3a. Les autres paramètres sont h=0.5a et a=1 mm. (b) Module du champ de déplacement du mode 1 en bord de zone de Brillouin au point X.

Le module du champ de déplacement de ce mode montre que les maxima des déplacements sont localisés dans le plot et à la surface du substrat. Ce résultat montre que le caractère purement local n'est pas vérifié complètement. En effet, cette résonance est aussi due à un caractère collectif, puisque il y a une localisation en surface des modes et par conséquent une interaction entre les différents plots. Cette étude peut être alors complétée par une application au guidage et au filtrage en utilisant des ondes de surface dans le guide qui ne pénètrent pas dans le substrat.

4-5 Guides d'ondes : Courbes de dispersion des modes localisés et coefficients de transmission

L'objectif de ce paragraphe est d'étudier l'insertion de défauts structurels conduisant au guidage des ondes acoustiques. Différents types de guides linéaires seront étudiés (figure 4.20). Le premier guide, figure 4.20.a, plus usuel, obtenue en retirant une rangée de plots, sera étudié en fonction de la largeur du guide mais aussi des guides plus complexes (figure 4.20.b, c).

Figure 4.20: Différents types guides d'ondes linéaires étudiés : a) en enlevant une rangée de plots. b) en modifiant la hauteur d'une rangée de plots. c) en modifiant la nature physique d'une rangée de plots.

Le premier guide (figure 4.20.a) est obtenu en modifiant la distance entre deux rangées consécutives de plots du cristal parfait. Le second (figure 4.20.b) est défini en modifiant sur une rangée la hauteur des plots. Enfin, dans le troisième (figure4.20.c), nous changeons la nature des plots sur une rangée.

Dans chaque cas, nous étudierons les modes guidés dans le gap du cristal phononique parfait par une analyse des courbes de dispersion. Nous étudierons la transmission de ces branches de dispersion ainsi que les conversions de modes éventuelles et les changements de polarisation. Nous montrerons la localisation et le confinement des modes dans les différents guides linéaires.

4-5.1 Le cristal phononique parfait : dispersion et transmission.

Les études sur le guide se feront à partir d'un cristal phononique parfait formé de cylindres d'acier sur une plaque de silicium arrangés en réseau carré. Les paramètres géométriques de la structure sont a= 1 mm pour la période, h= 0.6 mm pour la hauteur des plots et e= 0.2 mm pour l'épaisseur de la plaque. Cette structure permet d'ouvrir deux gaps absolus : le premier à basse fréquence, entre 613 kHz et 668 kHz. Le second à haute fréquence entre 1615 kHz et 2139 kHz. La figure 4.21b représente la courbe de dispersion dans les directions principales ΓX et ΓM de la zone de Brillouin.

La transmission à travers cette structure a été réalisée à partir d'un code de différences finies que nous avons généralisé à trois dimensions.

(a)   (b)

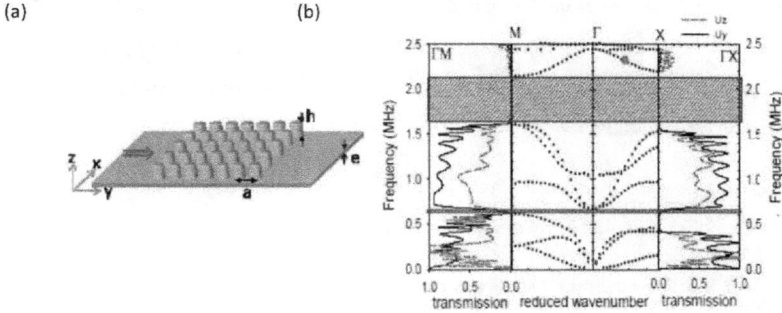

Figure 4.21 : a) Géométrie de la structure. (b) Courbes de dispersion pour les directions ΓX et ΓM (a=1 mm, e= 0.2 mm, h=0.6 mm et e=0.2 mm). Les gaps sont hachurées en bleu les gaps obtenus. De part et d'autres de la courbe de dispersion : courbes de transmission calculées et détectées selon y (noir) et selon z (rouge).

Le modèle s'appuie sur une cellule élémentaire qui se compose d'une boîte de dimension finie selon u_y, formée de 10 cellules unités et comprises entre un espace d'entrée et de sortie. Les cellules unités sont composées du plot cylindrique déposé sur la plaque de silicium. Les espaces d'entrée et de sortie sont constitués de la seule plaque de silicium. Des conditions P.M.L. sont appliquées aux extrémités de la boîte dans la direction u_y, de part et d'autres des espaces d'entrée et de sortie. Des conditions périodiques sont appliquées dans la direction u_x. Enfin, selon u_z, une épaisseur de vide est ajoutée afin d'isoler les différentes structures les unes des autres. Dans le cas des guides, nous définirons une super cellule d'une largeur de cinq cellules selon u_x afin de découpler les interactions entre guides.

Un paquet d'onde est généré depuis l'espace d'entrée de l'échantillon. Cette impulsion est polarisée longitudinalement avec un profil gaussien selon u_y, uniforme selon u_x et u_z. Le signal transmis est enregistré à la sortie du cristal phononique, intégré selon x et y pour chaque composante du champ de déplacement.

Compte tenu des temps de calculs nécessaires pour cette simulation 3D, nous avons parallélisé le programme (M.P.I., Message Passing Interface).

Nous nous sommes intéressés à la transmission d'une onde symétrique longitudinale, similaire à l'onde de Lamb symétrique longitudinale S_0, à travers la membrane phononique sans défauts. Les spectres de transmission sont calculés pour observer la contribution des polarisations U_y et U_z de l'onde transmise à la sortie du guide. Sur la figure 4.21.b, nous avons représenté, de part et d'autre de la courbe de dispersion les courbes de transmission correspondant aux directions ΓM (gauche) et ΓX (droite) de la zone de Brillouin réduite. Sur chaque courbe nous avons reporté les composantes U_y (noir) et U_z (rouge) du champ de déplacement. Pour chacune des directions, nous notons une bonne correspondance avec les courbes de transmission.

Dans ce qui suit, nous allons introduire trois types de défaut linéaire, de manière à créer des modes de guide à travers cette structure phononique.

4-5.2 Guide obtenu en séparant deux rangées de plots.

La connaissance des gaps absolus permet d'étudier les propriétés de guidage ou de filtrage de la membrane phononique. Une manière classique de créer un guide est de supprimer une rangée de plots dans la direction de propagation de l'onde. Dans ce travail, nous nous sommes intéressés à un guide linéaire obtenu en écartant d'une largeur δ la distance entre deux rangées de cristal (figure 4.22). Deux largeurs ont été choisies afin de contrôler le nombre de modes guidés à travers le gap : δ=0.55a et δ=1.05a. Nous avons calculé, pour chaque valeur de δ, les courbes de dispersion correspondantes.

Dans le cas où δ=0.55a, on peut observer sur la courbe de dispersion (figure 4.22.b.), trois nouvelles branches dans le gap haute fréquence, repéré par la partie hachurée en rouge. Nous avons choisi un mode A, d'une de ces branches pour lequel nous avons calculé le champ de déplacement associé à ce mode (figure 4.22.d). Nous constatons que l'onde est parfaitement confinée dans le guide avec une pénétration nulle de l'onde dans le reste de la structure.

Lorsque la largeur du guide augmente, la fréquence des modes de guide a tendance à diminuer. De nouveaux modes apparaissent donc progressivement à travers le gap absolu.

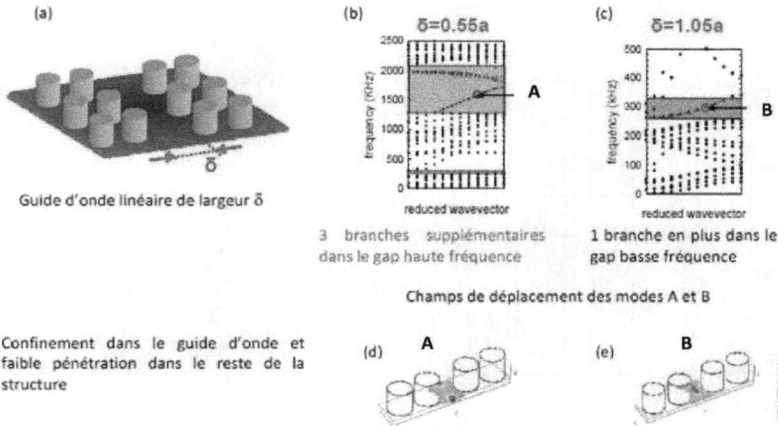

(a)

Guide d'onde linéaire de largeur δ

(b) δ=0.55a

3 branches supplémentaires
dans le gap haute fréquence

(c) δ=1.05a

1 branche en plus dans le
gap basse fréquence

Champs de déplacement des modes A et B

Confinement dans le guide d'onde et
faible pénétration dans le reste de la
structure

(d) A

(e) B

Figure 4.22 : (a) Géométrie du guide d'onde de largeur δ. (b) et (c) Courbes de dispersion de la structure guidante pour δ=0.55a et δ= 1.05a. (d) et (e) Cartes de champs associées aux modes A et B.

Dans le cas du gap à basse fréquence, il faut atteindre une largeur de guide de l'ordre de grandeur du paramètre de maille pour voir émerger une nouvelle branche à travers le gap. Nous présentons le cas où δ= 1.05a. La courbe de dispersion montre l'apparition d'une branche supplémentaire dans le gap basse fréquence qui traverse presque tout le gap (figure 4.22.c). Nous avons calculé la carte de champ associé au mode B indiqué sur la courbe de dispersion. Dans la figure 4.22.e, le mode est bien confiné dans le guide. Ces structures présentent un guidage acoustique classique déjà rencontré dans les structures à deux dimensions lorsque la longueur d'onde du signal guidé est de l'ordre du paramètre de maille. Nous mettons ici en évidence, pour la première fois, un guidage à basse fréquence où la longueur d'onde incidente est 10 fois plus grande que le paramètre de maille.

Afin de caractériser plus finement le rôle de ces modes dans le transport, nous avons utilisé le code F.D.T.D. à trois dimensions pour calculer les courbes de coefficients de transmission. Le calcul de transmission a été réalisé pour une largeur du guide δ= 1.2a. La super cellule élémentaire utilisée pour le calcul F.D.T.D. est représentée figure 4.23.a. Le nombre de périodes est de dix cellules unités dans la direction de propagation. Du fait des conditions de périodicités appliquées aux extrémités X de la super cellule, les guides se répètent périodiquement selon cette direction. Les guides adjacents sont alors séparés par 4 cellules élémentaires, ce qui est suffisant pour isoler les guides les uns des autres.

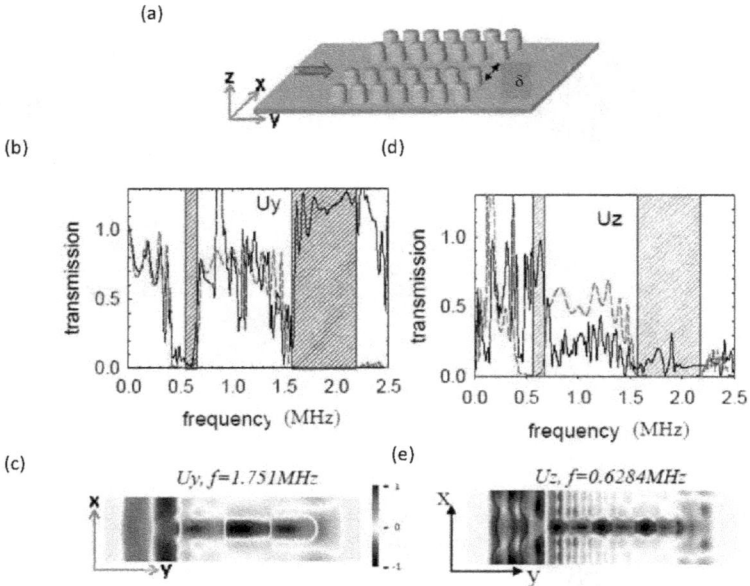

Figure 4.23 (a) Schéma de la super cellule pour le calcul de transmission à travers un guide. (b) Courbe de transmission pour la composante U_y du champ de déplacement pour le guide (noir) et le cristal parfait (rouge). (c) Carte de champ de déplacement dans la direction U_y pour une onde monochromatique de fréquence f=1.751 MHz. (d) Courbe de transmission pour la composante U_z pour le guide (noir) et le cristal parfait (rouge). (e) Carte de champ de déplacement dans la direction U_z pour une onde monochromatique de fréquence f=0.6284 MHz.

Dans la figure 4.23.b (respectivement 4.23.d), nous avons représenté, la courbe de transmission du cristal parfait en rouge et celle du guide en noir pour la composante U_y (respectivement U_z) du champ de déplacement. Les gaps du cristal parfait sont représentés par des domaines hachurés en bleu. Le gap basse fréquence est autour de 0.5 MHz et le gap haute fréquence autour de 1.8 MHz.

Sur la figure 4.23.d, une transmission existe dans le gap basse fréquence avec une polarisation U_z alors qu'elle est faible comparativement dans le gap haute fréquence. Nous montrons que l'onde est bien confinée à l'intérieur du guide en calculant la carte de champ de déplacement pour une onde monochromatique polarisée U_z à la fréquence 0.6284 MHz (figure 4.23.e). Elle est représentée sur une section horizontale au milieu de la plaque. Le signal incident étant polarisé selon la composante U_y, nous constatons qu'il s'est produit ici une conversion de polarisation.

112

Pour le cas du gap haute fréquence du cristal parfait, une transmission existe dans le guide avec une polarisation U_y. De la même manière, afin de caractériser cette transmission, nous avons calculé la carte de champ de déplacement pour une onde monochromatique de fréquence 1.751 MHz (figure 4.23.c). Elle montre que l'onde est bien confinée à l'intérieur du guide et se propage sans atténuation.

Nous avons calculé la structure de bande de ce guide de largeur 1.2a afin de compléter l'étude de ces transmissions. La figure 4.24.a représente la structure de bande complète, dans les deux gaps, en référence, celle du cristal (en rouge). On constate la présence de deux branches supplémentaires dans le gap basse fréquence et de cinq branches dans le gap haute fréquence. Ces branches correspondent à différents modes du guide. Cependant, toutes ces branches ne correspondent pas nécessairement à une transmission de l'onde incidente longitudinale symétrique. Pour qu'une branche puisse transmettre un signal incident, il faut que ce signal ait la même symétrie que celles des modes de guide que l'on cherche à exciter et une polarisation adaptée. Dans le cas contraire, elles sont connues et référencées dans la littérature sous le nom de branches « sourdes ». Une étude plus approfondie des vecteurs d'ondes de chacune des branches permet de montrer que seule une branche à la fois possède une bonne polarisation (longitudinale) et la bonne symétrie pour une transmission dans le gap haute fréquence. Le calcul du champ de déplacement correspondant au mode B (ka/π=0.26 ; f=1.778 MHz) de la figure 4.24.b montre que l'onde est localisée dans le guide et présente une polarisation essentiellement selon U_y et très faible selon U_z.

Dans le gap basse fréquence, deux branches existent, l'une correspondant aux faibles vecteurs d'ondes et l'autre aux vecteurs d'ondes plus élevés. En ce qui concerne la branche située aux faibles vecteurs d'ondes, nous avons observé que la polarisation de ces modes étaient essentiellement selon U_x et par conséquent ne participent pas à la transmission longitudinale U_y. Le calcul du champ de déplacement correspondant au mode C (ka/π=0.737 ; f=0.6426 MHz) de la figure 4.24.b montre que l'onde est localisée dans le guide et présente une polarisation essentiellement selon U_z et très faible selon U_y. Cela indique que cette branche permet une transmission perpendiculairement à la plaque. Cette conclusion permet de confirmer notre conclusion lors de l'étude des spectres de transmission dans les figures 4.23d et 4.23.e. Nous pouvons conclure que dans le gap basse fréquence, il s'est produit une conversion de la polarisation d'une onde longitudinale en une onde transverse.

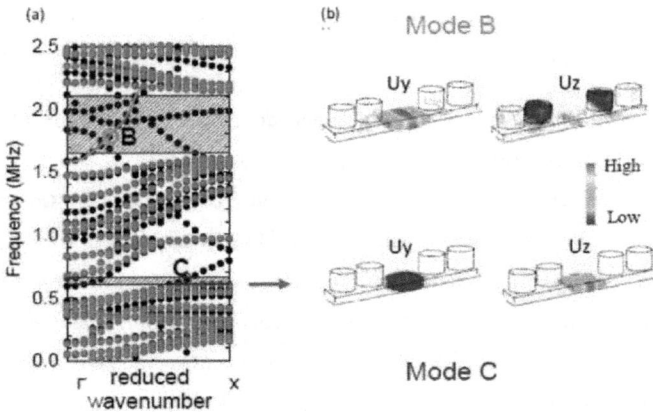

Figure 4.24 : (a) Courbes de dispersion dans la direction ΓX pour le guide (noir) et pour le cristal parfait (rouge). (b) Cartes de champ des modules des composantes U_y et U_z associés aux points B (ka/π=0.26 ; f=1.778 MHz) et C (ka/π=0.737 ; f=0.6426 MHz) de la figure (a).

Pour conclure, la transmission d'une onde longitudinale dans le guide d'onde dans le gap haute fréquence est surtout longitudinale alors que dans le gap basse fréquence, il se produit une conversion de mode et l'onde devient transverse.

4-5.3 Guide obtenu en changeant la hauteur d'une rangée de plots

a. Cas du gap haute fréquence

Une autre manière de créer une ligne de défaut est de créer une rangée dans le cristal parfait où la taille des plots est différente (figure 4.24.a). Plus particulièrement, nous nous sommes intéressés aux hauteurs de plots comprises entre 0.1 mm et 0.6 mm. Nous avons calculé la structure de bande de ces structures guidées (noir) (figure 4.24b), comparée à la structure de bandes du cristal parfait (rouge). Nous observons que des branches apparaissent dans les gaps du cristal parfait dès que la hauteur des plots est inférieure à 0.4

mm. Ces branches se déplacent vers les hautes fréquences lorsque la hauteur des plots diminue.

(a)

(b)

(c)

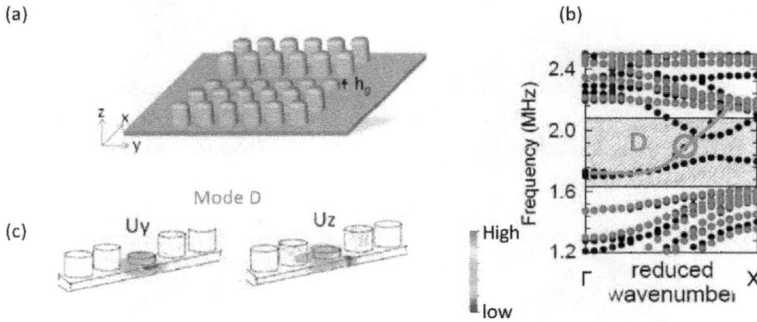

Figure 4.25 : (a) Schéma du guide formé d'une ligne de plots de plus petite hauteur, h_g=0.2a. (b) Courbe de dispersion pour la structure représentée. c) Carte de champ associé au mode D dans les directions y et z.

La figure 4.25.b représente la courbe de dispersion pour le cas où h_g=0.2 mm. Trois nouvelles branches apparaissent dans le gap haute fréquence, représenté en bleu. Nous nous sommes intéressés à la branche qui traverse en entier le gap et, surlignée en vert. Afin de la caractériser, nous avons calculé le module du champ de déplacement du mode D (ka/π=0.58 ; f=1.885 MHz). Les modules des composantes U_y et U_z du champ de déplacement montrent que ce mode est fortement localisé dans les petits plots qui constituent le guide (figure 4.25.c).

Nous avons par ailleurs calculé les courbes de transmission pour les composantes U_y (figure 4.26.a) et U_z (figure 4.26.b) du champ de déplacement pour un signal incident longitudinal symétrique. Elles montrent la transmission d'une onde dans le gap selon deux composantes longitudinales (U_y) et perpendiculaire (U_z). Afin de compléter cette étude, à l'aide d'une onde monochromatique de fréquence 1.698 MHz, nous avons calculé la carte de champ de déplacement dans un plan (x,y) au milieu de la plaque pour les deux composantes étudiées (figures 4.26.c et 4.26.d). Elles montrent pour ces deux composantes un confinement important dans le guide.

115

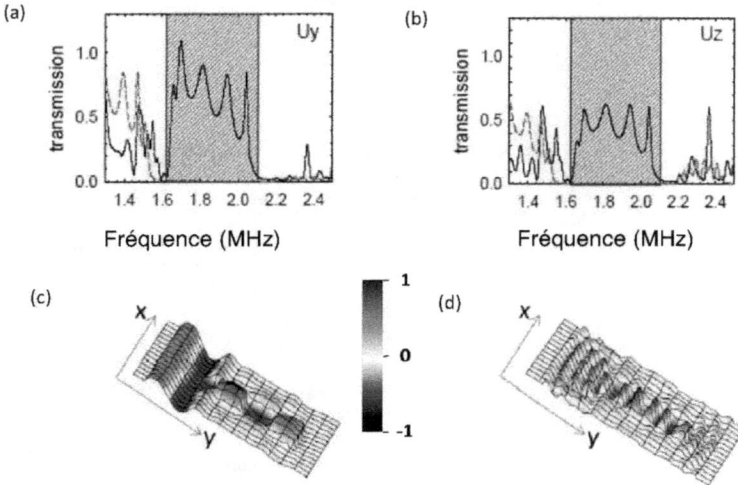

Figure 4.26 : Transmission d'une onde longitudinale symétrique à travers un guide d'onde composé d'une rangée de plots de hauteur h_g= 0.2a pour un réseau carré de paramètre de maille a = 1mm. (a) Courbe de transmission avec une détection selon y. (b) Courbe de transmission avec une détection selon z. (c) Carte de champ associé à une onde monochromatique de fréquence 1.698 MHz pour la composante U_y. (d) Carte de champ à la fréquence 1.698 MHz pour la composante U_z.

b. Cas du gap basse fréquence

L'étude des structures de bandes en fonction de la hauteur des plots nous a conduit à choisir une hauteur de plots de 0.3 mm afin d'obtenir des branches dans le gap basse fréquence du cristal parfait (figure 4.27.a). L'étude des courbes de transmission (figure 4.27.a) pour les deux composantes du champ de déplacement montre qu'il existe un signal transmis à la fréquence de 0.6277 MHz pour les deux composantes. Cependant, la composante U_y est légèrement plus importante. La courbe de dispersion montre deux branches qui traversent ce gap. Nous avons montré que celle qui correspondait aux vecteurs d'ondes plus grands avait une polarisation U_x et ne contribuait pas à la transmission. La représentation du mode propre noté E (ka/π=0.16 ; f=0.6277 MHz) sur la figure 4.27.b, indique une forte polarisation selon U_y mais aussi selon Uz quoique plus faible. La composante U_y est fortement localisée dans les plots du guide alors que la composante U_z est moins confinée et pénètre dans le voisinage du guide.

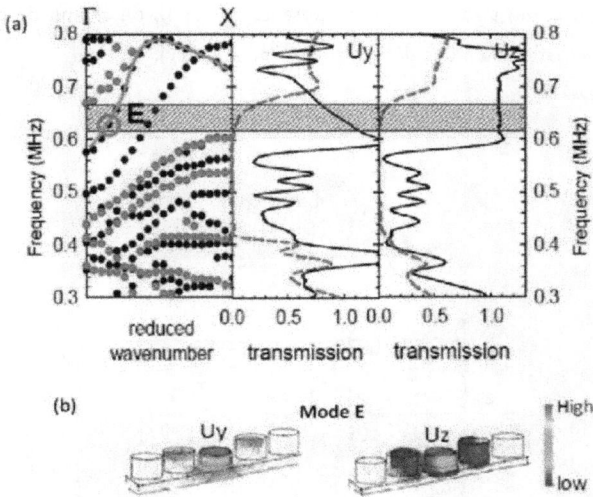

Figure 4.27 : (a) Courbes de dispersion dans la direction ΓX et de transmission avec une détection selon y et z. En rouge, sont représentées les courbes dans le cas du cristal parfait. (b) Carte de champ de déplacement associé à la fréquence du point E représenté sur la figure a.

Une étude similaire pourrait être faite en considérant un guide linéaire constitué de plots plus grands que ceux du cristal.

4-5.4. Guide obtenu en changeant la nature d'une rangée de plots

Enfin, une manière différente de créer un guide est de constituer une ligne de défaut avec une rangée de plots composés d'un matériau différent (figure 4.29.a). Afin d'obtenir un guidage dans le gap haute fréquence ou celui à basse fréquence on choisira respectivement du silicium et de l'aluminium pour le matériau composant les plots dans le guide, les autres étant toujours en acier. Rappelons que la membrane est en silicium.

a. Cas du gap haute fréquence

Dans ce cas de figure, les plots du guide sont en silicium. Dans le gap haute fréquence, trois branches apparaissent dans la structure de bande (figure 4.29). Seule une d'entre elles participe à la transmission. Les deux autres branches ont une polarisation U_x et ne participent donc pas à la transmission. Pour le mode repéré F (ka/π=0.37 ; f=1.777 MHz) choisi sur la branche qui transmet, les composantes U_y et U_z du champ de déplacement montrent une localisation du mode dans le guide (figure 4.29.c).

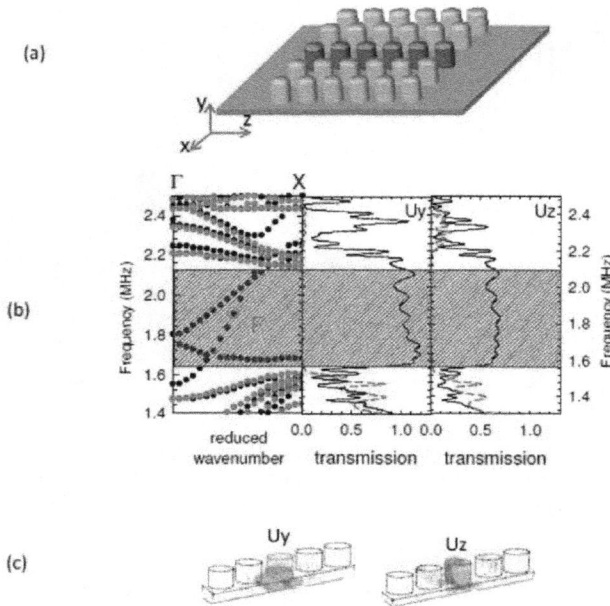

Figure 4.29: (a) Structure composée d'une plaque de silicium et de plots en acier. Le guide est constitué de plots de silicium. (b) Courbe de dispersion dans la direction ΓX et de transmission avec une détection selon y et z. En rouge, sont représentées les courbes dans le cas du cristal parfait. (c) Cartes de champ de déplacement associées à la fréquence du point F représenté sur la figure (b).

b. Cas du gap basse fréquence

Le guide est maintenant constitué de plots d'aluminium. Sur la figure 4.30.a, une seule branche est contenue dans le gap et le traverse en entier. L'onde transmise (figure 4.30.b), possède des composantes U_y et U_z. La fréquence moyenne est de 0.650 MHz, ce qui correspond à une longueur de l'onde transmise environ 10 fois plus grande que la période. Les cartes de champ de déplacement pour la fréquence au point G, montrent que l'onde transmise est confinée dans le guide. Il y a alors transmission sans atténuation dans le guide.

(a)

(b)

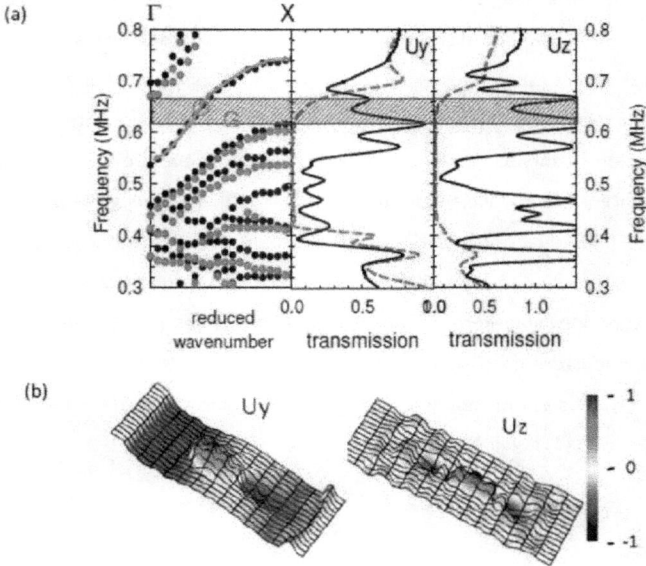

Figure 4.30 : a) Courbes de dispersion dans la direction ΓX et de transmission avec une détection selon y et z. En rouge, sont représentées les courbes dans le cas du cristal parfait. (b) Cartes de champ de déplacement associées à la fréquence au point G représenté sur la figure a.

4-6. Transmission exaltée à travers un ensemble périodique de piliers reliant deux substrats. Résonances de Fano.

Les travaux effectués par T.W. Ebbesen [47], en 1998, ont montré que des films métalliques opaques, percés de trous sub-longueur d'onde entourés d'une structure périodique, peuvent transmettre la lumière avec une efficacité plus élevée que ce que prédit la théorie pour un trou simple. Cette transmission extraordinaire est due à un fort couplage de la lumière avec les plasmons de la surface excités au voisinage des ouvertures. Depuis 2007, quelques travaux se sont intéressés à la mise en évidence de ces phénomènes pour les ondes acoustiques.

Ainsi, Christensen et al [48] ont mis en évidence une transmission exaltée et proposé une application à une collimation des ondes acoustiques à l'aide des ondes de surface (figure 1.11.). Cette structure est composée d'une fine ouverture sur une plaque rigide qui présente une surface en créneau. Ils ont attribué ce phénomène à un couplage entre l'onde incidente, les modes de Pérot-Fabry de l'ouverture et les ondes acoustiques de surface. Ce phénomène a aussi été interprété parallèlement par Lu et al [49] sur une grille à une dimension constituée de fines ouvertures périodiques. Ces auteurs ont attribué ce phénomène de transmission extraordinaire à l'excitation des ondes acoustiques évanescentes de surface couplées aux modes Fabry-Pérot à l'intérieur des ouvertures [49,50]. Parallèlement à ces résultats, dans le cadre de travaux portant sur le transport thermique dans les systèmes nanostructurés, nous avions étudié le transport de phonons entre deux substrats à travers un réseau de piliers [51] (voir figure 4.28).

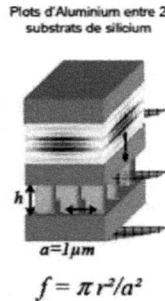

Plots d'Aluminium entre 2
substrats de silicium

$$f = \pi\, r^2/a^2$$

Figure 4.28 : Schéma de la structure composée de plots cylindriques d'aluminium, de hauteur h et de rayon r, disposés selon un réseau carré de paramètre de maille a, entre deux substrats semi infinis de silicium.

Les résultats ci-dessous concernent la transmission de phonons entre deux substrats de silicium à travers des plots cylindriques d'aluminium. Pour réduire le temps de calcul numérique, la plupart des simulations a été effectuée pour une périodicité à une dimension, c'est-à-dire les plots sont remplacés par des lames (figure 4.29a). Mais le cas de la périodicité à deux dimensions sera aussi abordé plus loin.

On présente d'abord le calcul de transmission effectué avec un paramètre de maille a=1 μm, une hauteur des plaques h=1.4 μm et une largeur d=0.2 μm. Les lames fines d'aluminium sont donc séparées par de l'air. La figure 4.29.b, représente la courbe de transmission obtenue à travers ce système. Les faits suivants peuvent être notés sur le spectre : (i) existence d'oscillations (les maxima (1) et minima (2)) dans la partie basse fréquence du spectre ; (ii) l'existence de zéros de transmission (3) se produisant périodiquement autour des fréquences 5, 10 et 15 GHz ; (iii) un pic de transmission (4) présentant un fort facteur de qualité.

Dans la suite, nous discutons l'origine physique de ces comportements par une étude de l'influence des paramètres géométriques et des cartographies de champs de déplacement.

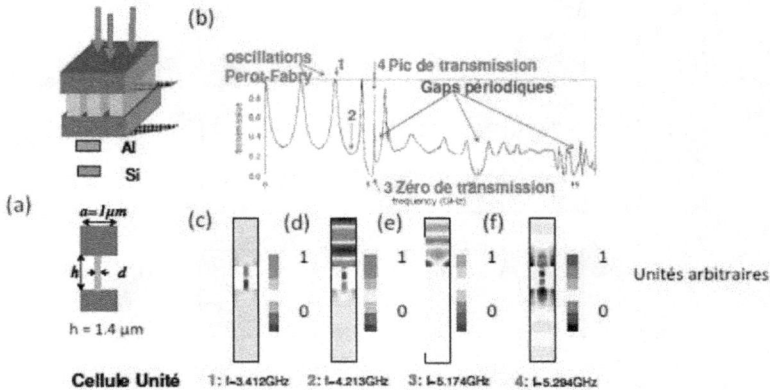

Figure 4.29 : (a) Schéma de la structure à deux dimensions, composée d'un réseau périodique de lames entre deux substrats semi infinis. (b) Courbe de transmission correspondante. (c, d, e, f) Carte des champs de déplacement pour les fréquences 3,412 GHz ; 4.213 GHz ; 5.174 GHz et 5,294 GHz aux points respectifs 1, 2, 3 et 4.

Les oscillations à basses fréquences dans le spectre de transmission peuvent se comprendre comme un couplage entre l'onde incidente et des oscillations Fabry-Pérot à l'intérieur des lames. Ceci peut se voir sur les cartes de champs associées à un maximum (1) et à un minimum (2) correspondant respectivement aux fréquences 3.412 GHz et 4.213 GHz (figure 4.29c et 4.29d. Dans les deux cas, on note une localisation du déplacement à l'intérieur des lames d'aluminium. Le maximum (1) correspond à une transmission du signal incident dont l'amplitude augmente fortement à l'intérieur de la lame. Le minimum (2) correspond à un quasi-filtrage du signal incident par excitation d'un mode de la lame. Nous avons vérifié que le nombre de ces oscillations ainsi que l'espacement entre leurs fréquences dépendent principalement des paramètres élastiques et géométriques des lames et sont pratiquement indépendants des propriétés du substrat et de la période de la structure.

La figure 4.30 décrit l'évolution de la courbe de transmission en fonction de la hauteur h des lames d'aluminium. Au fur et à mesure que h augmente, on observe une diminution de la séparation entre les pics et une augmentation de leur nombre. On compte quatre oscillations lorsque h= 1.3 µm et cinq lorsque h= 1.7 µm.

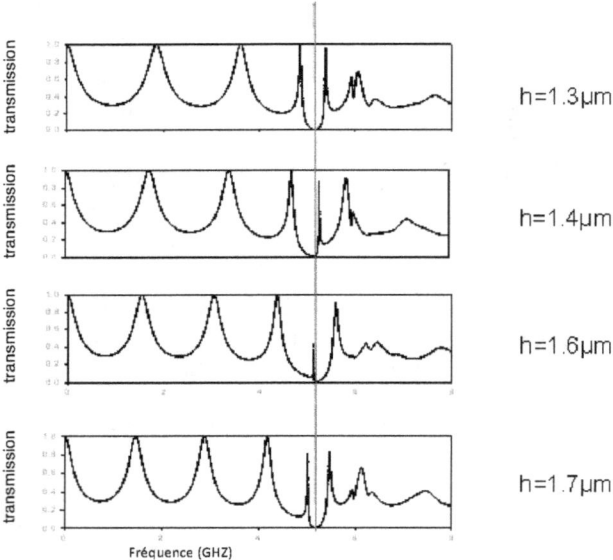

Figure 4.30 : Courbes de transmission obtenues pour différentes valeurs de la hauteur h des lames d'aluminium avec d=0.2 µm. La ligne rouge représente la fréquence du premier zéro de transmission.

Un point remarquable du spectre de transmission est l'existence de zéros de transmission qui apparaissent de façon périodique aux fréquences autour de 5, 10 et 15 GHz. Nous associons ces zéros à l'excitation d'un mode de surface du substrat comme ceci est illustré sur la carte de champ de déplacement à la fréquence du premier zéro noté (3) (f= 5.174 GHz) (figure 4.29.e). En effet, l'onde incidente tombe sur la surface en incidence normale, c'est-à-dire avec une composante nulle du vecteur d'onde parallèle à la surface. Du fait de la périodicité parallèle à la surface, cette onde peut se combiner avec une onde évanescente dont le vecteur d'onde parallèle à la surface est égal à un vecteur du réseau réciproque, c'est-à-dire un multiple de $2\pi/a$ dans le cas considéré ici. C'est ce couplage qui permet d'exciter les modes de surface du substrat lorsque le vecteur d'onde parallèle à la surface prend une valeur qui est multiple de $2\pi/a$. A noter que l'onde de surface du substrat peut en principe être affectée par la présence des lames, mais dans l'exemple considéré, l'épaisseur des lames est assez faible et modifie peu l'onde de surface du substrat seul, du moins pour les premiers zéros. Ceci explique d'une part le caractère périodique de ces zéros, d'autre part le fait que leurs fréquences dépendent essentiellement des propriétés élastiques du substrat et de la période, mais restent pratiquement indépendantes des propriétés des lames (voir par exemple ligne rouge sur la figure 4.30). Dans le cas de lames plus épaisses (non présenté ici), le spectre de transmission comporte également des zéros mais leurs positions et les champs de déplacement correspondants doivent être étudiés dans chaque cas.

Un autre fait intéressant du spectre de transmission sur la figure 4.29 est l'existence d'un pic très fin de transmission sélective (noté (4)) au voisinage du zéro de transmission. Le champ de déplacement de cette résonance de type Fano est présentée sur la figure 4.29.f. Nous observons dans ce cas une forte excitation à la fois dans la hauteur des lames ainsi qu'au voisinage des surfaces des deux substrats. La résonance de Fano peut donc être associée à un couplage entre un mode Pérot-Fabry des lames et les ondes de surface des deux substrats. La largeur du pic de transmission peut devenir très fine selon sa position par rapport au zéro de transmission. La figure 4.30, où nous faisons varier la hauteur des lames, permet de voir l'évolution de la résonance de Fano lorsqu'elle traverse le zéro de transmission. On utilise parfois le terme de transmission exaltée ou extraordinaire lorsque cette transmission est proche de 1 car la largeur de la lame d'aluminium ne représente que 20% de la période.

Enfin, en allant à des fréquences de plus en plus élevées, le spectre de transmission comporte des variations rapides et erratiques qu'il n'est pas intéressant d'analyser individuellement mais qui peut se comprendre par le fait que chaque lame admet de plus en plus de modes, non seulement dans sa hauteur mais également dans son épaisseur. De fait, ce phénomène apparaît encore plus rapidement lorsque les lames ont une épaisseur plus grande comme illustré sur la figure 4.31 avec d=0.4 µm. Nous étudions actuellement de façon plus détaillée les phénomènes remarquables qui se produisent lorsque l'épaisseur des lames est plus grande, notamment la possibilité d'explorer ce genre de structures comme capteurs phononiques lorsque les orifices vides sont remplis par un liquide dont la vitesse acoustique peut varier.

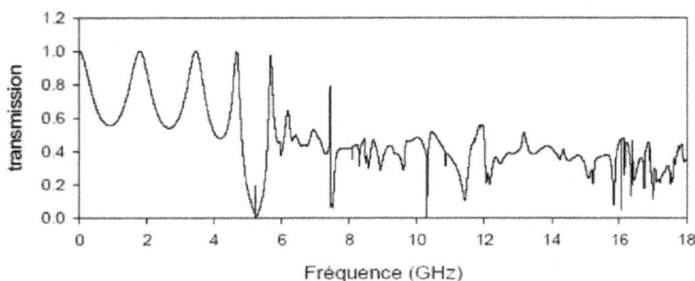

Figure 4.31 : Courbe de transmission obtenue pour une épaisseur d=0.4 µm et une hauteur h=1.4 µm.

Au-delà des structures présentant une périodicité à une dimension, nous avons également effectué quelques calculs en nombre limité (du fait de la nécessité d'un temps de calcul important) pour des structures avec une périodicité à deux dimensions, autrement dit lorsque les deux substrats sont connectés par des piliers cylindriques (figure 4.28). La figure 4.32 représente un exemple de calcul de courbes de transmission obtenue avec des paramètres géométriques suivants : h= 1.6 µm, a=1 µm et un diamètre des plots de 0.4 µm. Les mêmes phénomènes remarquables apparaissent sur la courbe de transmission à savoir :

(i)   Un couplage de l'onde incidente avec les oscillations Fabry-Pérot à l'intérieur des plots d'aluminium. Ce couplage conduit à une alternance de transmission et de zéros de transmission correspondant respectivement aux maxima et aux minima de l'oscillation.

(ii)   Des zéros de transmission qui apparaissent autour des fréquences 5, 10 et 15 GHz, comme précédemment, mais aussi autour de nouvelles fréquences telles que 7.5 et 11 GHz. Cette constatation nous a paru intéressante car attendue. En effet, du fait de la périodicité à deux dimensions, le couplage de l'onde incidente normale peut se faire maintenant avec les ondes évanescentes de surface à chaque fois que le vecteur d'onde parallèle à la surface devient égal à un vecteur du réseau réciproque, soit en unités de $2\pi/a$: 1, $\sqrt{2}$, 2, $\sqrt{5}$, $\sqrt{8}$, 3, $\sqrt{10}$, etc... . Bien sûr, au-delà d'une certaine fréquence, le spectre de transmission comporte trop d'oscillations pour pouvoir y identifier des phénomènes spécifiques.

(iii)   Des résonances de type Fano, donnant lieu à une transmission sélective, lorsqu'une résonance Pérot-Fabry dans la hauteur des piliers tombe au voisinage d'un zéro de transmission. Dans ce cas, on peut encore plus facilement parler de transmission exaltée, dans la mesure où la section d'un pilier ne représente que 13% de la surface de la maille élémentaire.

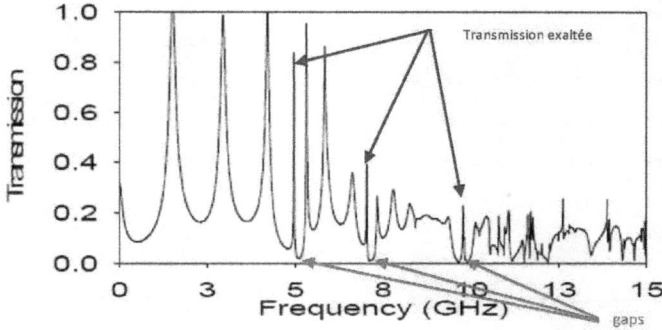

Figure 4.32 : Courbe de transmission obtenue pour une structure 3D de piliers cylindriques d'aluminium entre deux substrats de silicium. Les paramètres sont h=1.6 μm, d=0.4 μm et a=1 μm.

Dans cette dernière partie de ce paragraphe, nous discutons brièvement quelques résultats, qui sont en cours d'étude, sur la transmission à travers une répétition périodique de la structure en piliers telle que représentée sur la figure 4.33. Les deux substrats de silicium, de part et d'autre, sont séparées par une répétition périodique de structures constituées de plaques de silicium d'épaisseur 3.0 μm connectées entre elles par des lames d'aluminium de hauteur 1.4 μm et d'épaisseur 0.2 μm.

Sur la figure 4.33a, nous avons représenté le schéma d'une structure périodique constituée de quatre périodes. Nous avons calculé la transmission pour des structures comprenant de une à quatre cellules (figure 4.33b) et constaté qu'en augmentant le nombre de périodes, on définit beaucoup mieux les minima de transmission qui deviennent des gaps ainsi que les pics de transmission. Dans le cas de quatre périodes, on peut compter 4 gaps qui séparent des bandes de transmission dans le domaine de fréquence 0 à 6 GHz. Chaque bande de transmission, qu'on retrouve dans le même domaine de fréquence que pour le cas d'une seule cellule, peut être décomposée en deux jeux de pics de transmission d'origine différente :

(i) le premier jeu de maxima (pics fins) trouve son origine dans les résonances Pérot-Fabry des plaques de silicium couplées entre elles. Leur nombre est égal au nombre de plaques de silicium (soit 0, 1, 2 et 3 dans les exemples successifs de la figure 4.33b). Nous avons vérifié que les fréquences des pics dépendaient fortement de l'épaisseur des plaques de silicium (ici 3 µm). En effet, une augmentation de l'épaisseur des substrats diminuent la fréquence de ces pics de transmission.

(ii) Le second jeu (pics plus larges) est relié aux résonances Pérot-Fabry des lames, dans les périodes successives, couplées entre elles. Leur nombre est égal au nombre de plans successifs de lames (soit 1, 2, 3 et 4 sur les exemples de la figure 4.33b). Ces pics sont particulièrement sensibles aux paramètres élastiques et géométriques des lames et non à ceux des plaques de silicium.

En modifiant les paramètres géométriques il est possible de bouger les deux ensembles de pics l'un par rapport à l'autre, voire les mettre en interaction, et ainsi jouer sur la forme des pics de transmission.

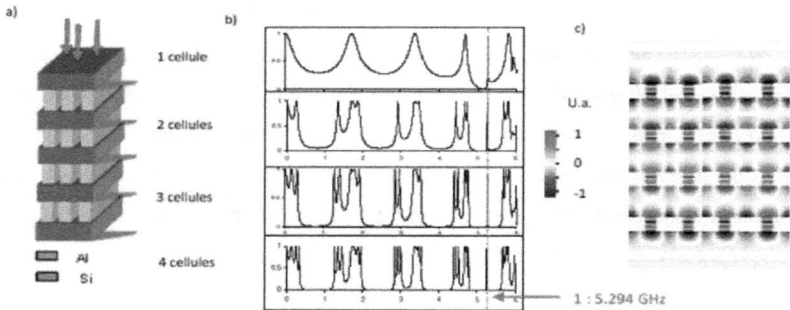

Figure 4.33: (a) Schéma de la structure périodique de lames d'aluminium entre des plaques de silicium pour 4 cellules. (b) Courbes de transmission pour la structure composée de 1, 2, 3, 4 cellules. (c) Carte de champ de déplacement à la fréquence de 5.294 GHz de la structure a).

Enfin, un pic étroit de transmission associé à la résonance de Fano, existe à la même fréquence, 5.294 GHz, quel que soit le nombre de périodes dans la structure. La carte de champ de déplacement associé à ce mode (figure 4.33c) montre une localisation à la fois à l'intérieur des lames d'aluminium et au voisinage des surfaces des plaques de silicium. Il s'agit d'un couplage entre un mode Fabry-Pérot des lames et les ondes de surface du silicium. La résonance de Fano devient plus étroite en augmentant le nombre de périodes dans la structure. Ce système peut être utile pour produire des transmissions sélectives ou pour des applications de capteurs.

4-7. Synthèse

Dans une première partie nous avons étudié une structure de cristal phononique constituée de plots déposés sur une plaque. Celle-ci présente deux types de gaps, un à basse fréquence et un autre à haute fréquence. Nous avons montré que le choix des paramètres géométriques et physiques contrôle l'existence et la largeur de ces gaps. En ce qui concerne le gap basse fréquence, nous avons montré qu'il ne correspond pas à un gap dit de Bragg comme c'est le cas pour le gap haute fréquence. Il ne peut pas non plus être associé à un mode localisé pur car il dépend également de l'environnement périodique de la structure. Nous avons par ailleurs étudié l'influence de la géométrie des plots (plots à section carrée) ainsi que de la symétrie du réseau de plots (triangulaire et graphite). Le réseau triangulaire présente les gaps les plus robustes en fonction des variations des paramètres géométriques. Nous avons par exemple étudié l'influence d'un plot déposé de l'autre coté de la membrane. De nouvelles branches apparaissent qui peuvent être exploitées pour des applications de phonons lents ou de réfraction négative. De plus, nous avons exploré l'influence d'une membrane plus épaisse sur la structure de bandes. Nous avons montré que pour des valeurs élevées de l'épaisseur de la plaque, il est possible d'obtenir des modes localisés en surface et que cette structure présente sous certaines conditions des bandes interdites sur une zone restreinte de la zone de Brillouin qui peut faire l'objet de transmissions guidées en surface.

Dans une seconde partie, nous avons étudié les propriétés de guidage et/ou de filtrage dans chacun des deux gaps. Nous avons étudié les modes de transport dans les guides classiques en supprimant une rangée de plots, en changeant la hauteur des plots ou en changeant la nature du matériau des plots constitutifs du guide. Nous avons montré que certains modes ne participent pas au guidage. Nous avons montré que lorsqu'il y a guidage, l'onde transmise est bien confinée dans le guide. On peut assister à une conversion de mode par changement de polarisation dans certains cas.

Enfin nous avons abordé le cas de la transmission entre un ensemble périodique de piliers reliant deux substrats. Nous avons montré que pour un certain choix de paramètres, les résonances de Pérot-Fabry des piliers peuvent se coupler si la fréquence le permet, à des modes de surface des substrats et réaliser une transmission exaltée pour une onde acoustique incidente.

Les travaux entrepris au cours de cette thèse ont été consacrés à l'étude théorique des cristaux phononiques à résonances localisées et à leurs applications dans le domaine du guidage ou de l'isolation sonique. Les outils numériques utilisés ont permis de calculer les coefficients de transmission, les courbes de dispersion et les champs de déplacement afin de caractériser au mieux les structures proposées.

Dans un premier temps, nous nous sommes intéressés au guidage ainsi qu'au filtrage dans des cristaux phononiques de Bragg ne présentant pas de résonances localisées. Nous avons montré la possibilité de réaliser des guides d'ondes dans un cristal phononique en utilisant des lignes de défauts, ou des cavités résonantes. Nous avons réalisé des filtres fréquentiels ajustables et sélectifs. Nous avons montré la possibilité de démultiplexage qui consiste à transférer une onde entre deux guides parallèles en utilisant un couplage par cavités résonantes.

Dans un second temps, nous nous sommes intéressés à un cristal phononique à résonances localisées. Nous avons montré la possibilité d'ouvrir des gaps à très basses fréquences, largement en dessous des gaps de Bragg. Nous avons étudié finement l'origine de l'ouverture de ces gaps en déterminant de façon précise les paramètres qui contrôlent leur existence. Nous avons montré la possibilité de multiplier le nombre de gaps à basses fréquences ainsi que la manière de les élargir. Nous avons illustré et interprété cette ouverture de gap comme un mouvement en opposition de phase du cœur et de la couche extérieure du cristal étudié pour le premier gap. Enfin, nous avons caractérisé ces gaps basses fréquences, en calculant les paramètres effectifs du cristal autour de la première fréquence de résonance. Nous avons montré que dans cette gamme de fréquence, la masse volumique effective change de signe. Ce calcul permet alors de classer ce cristal phononique dans la famille des métamatériaux acoustiques à simple négativité.

Enfin, nous nous sommes intéressés à un autre type de cristal phononique à résonances localisées. Ce cristal dont la géométrie est originale, constitué de plots cylindriques déposés sur une plaque d'épaisseur finie, permet sous certaines conditions d'obtenir des gaps très basses fréquences où les longueurs d'ondes sont beaucoup plus grandes que toutes les longueurs caractéristiques de la structure. Nous avons étudié les paramètres géométriques qui contrôlent l'ouverture de ce gap. Puis nous avons utilisé ce cristal phononique afin de réaliser différentes structures guidantes. Nous avons alors montré que dans certains cas il pouvait se produire des conversions de polarisations et des confinements importants. Parallèlement, nous avons montré que ce cristal phononique déposé sur un substrat permettait d'obtenir des résonances localisées en surface. Ces résonances localisées ont mis en évidence des bandes interdites qui peuvent être utilisées pour des transmissions en surface. Enfin, nous avons étudié le transport de phonons entre deux substrats à travers un réseau de piliers en calculant les courbes de transmission. Nous avons montré l'existence de zéros de transmission associés à l'excitation des ondes de surface des substrats. De plus nous avons montré que le couplage des ondes de surface avec les oscillations Fabry-Pérot à l'intérieur des piliers peut permettre une transmission sélective exaltée.

Dans les perspectives de ce travail de recherche, la structure étudiée nous a amené à rechercher les paramètres adéquats afin d'obtenir des bandes interdites à la fois photonique et phononique [67] pour une même structure. L'objectif est de proposer des structures phoXoniques (à la fois phononiques et photoniques) les mieux appropriées pour permettre le confinement simultané des phonons et des photons. Il faut alors définir des défauts linéaires ou ponctuels dans ces structures à bandes interdites phoxoniques de manière à favoriser l'interaction photon/phonon par une vitesse lente de propagation des deux types d'ondes dans des guides linéaires ou par leur confinement simultané dans des cavités. Un autre objectif du projet est d'étudier la sensibilité des résonances phononiques et photoniques aux liquides biologiques et chimiques en vue d'applications dans le domaine des capteurs. Ce travail peut ainsi amener à développer des matériaux ayant des propriétés nouvelles en utilisant des interactions acousto-optiques. Un autre challenge important serait d'accroître l'efficacité d'émission de lumière dans le silicium ou au contraire de réduire la limitation de l'énergie transportée par une fibre par exemple.

L'étude du transport thermique dans des matériaux nanostructurés est un aspect qui reste à développer. En effet, la présence de bandes interdites et de bandes plates dans la structure de bandes peut modifier la conductivité thermique et peut être utile pour des applications thermoélectriques. Il peut être envisagé au contraire de créer des voies de dissipation de la chaleur en utilisant des cristaux phononiques qui accroissent le transfert thermique dans des circuits en microélectronique.

Au delà de la recherche de l'existence de bandes interdites, le contrôle de la propagation du son à l'aide de métamatériaux connaît un engouement important. Les métamatériaux peuvent présenter des propriétés de réfraction négative. Ces développements peuvent trouver des applications dans l'imagerie sub-longueur d'ondes ou être appliquées en imagerie médicale par exemple. Le champ des applications est immense et des propriétés nouvelles comme l'invisibilité restent à développer.

Les développements des nanotechnologies comme les techniques d'auto assemblage ouvrent des voies à explorer dans le domaine hypersonique (quelques GHz) pour l'étude des cristaux phononiques hypersoniques afin de les intégrer dans différents types de circuits dans le domaine des télécommunications. Un autre objectif poursuivi est de rendre accordables ces cristaux aux stimuli extérieurs comme les changements de température ou des déformations mécaniques en modulant les courbes de dispersions.

Le domaine des cristaux phononiques connaîtra un développement croissant grâce aux nombreuses applications technologiques offertes par les progrès techniques de réalisations de matériaux structurés.

Conclusion générale

Bibliographie

[1] E. Yablonovitch, Inhibited spontaneous emission in solid-state physics and electronics, *Phys. Rev. Lett.*58, 2059–2062 (1987).

[2] S. John, Strong localization of photons in certain disordered dielectric superlattices, *Phys. Rev. Lett.* 58, 2486–2489 (1987).

[3] M. S. Kushwaha, P. Halevi, L. Dobrzynski et B. Djafari-Rouhani, Acoustic band structure of periodic elastic composites. Phys. Rev. Lett. 71, 2022 (1993).

[4] E. N. Economou, M. Sigalas, Stop bands for elastic waves in periodic composite materials. J. Acous. Soc. Am. 95, 1734 (1994).

[5a] M. S. Kushwaha, P. Halevi, G. Martinez, L. Dobrzynski, and B. Djafari-Rouhani, theory of acoustic band structure of periodic elastic composites, Phys. Rev. B 49, 2313 (1994).

[5b] J.O. Vasseur, B Djafari-Rouhani, L Dobrzynski, M S Kushwaha and P Halevi, Complete acoustic band gaps in periodic fibre reinforced composite materials: the carbon/epoxy composite and some metallic systems, J. Phys.: Condens. Matter 6 8759 (1994)

[5c] J.O. Vasseur, B Djafari-Rouhani, L Dobrzynski and P A Deymier, Acoustic band gaps in fibre composite materials of boron nitride structure, J. Phys.: Condens. Matter 9 7327 (1997).

[5d] R Sainidou et al, formation of absolute frequency gaps in three dimensional solid phononic crystals, Phys.Rev.B 66, 212301 (2002).

[6] D.Caballero, J. Sanchez-Dehesa, C. Rubio, R. Martinez-Sala, J.V. Sanchez-Perez, F. Meseguer, J.Llinares. Large two-dimensional sonic band gaps, Phys. Rev. E 60, R6316 (1999).

[7a] M. S. Kushwaha and B. Djafari-Rouhani, Giant sonic stop bands in two-dimensional periodic system of fluids, J.Appl.Phys.84, 9 (1998).

[7b] M.S. Kushwaha, B. Djafari-Rouhani, L. Dobrzynski. Sound isolation from cubic arrays of air bubbles in water Physics Letters A 248, 252-256 (1998).

[7c] Ph. Lambin and A. Khelif J. O. Vasseur, L. Dobrzynski, and B. Djafari-Rouhani, Stopping of acoustic waves by sonic polymer-fluid composites, P.R.E.63, 066605 (2001).

[7d] V. Leroy, A. Bretagne, M. Fink, A. Tourin. Design and characterization of bubble phononic crystals, Appl.Phys.Lett. 95, 17 (2009).

[8] R. Martinez-Sala, J. Sancho, J. V. Sanchez, V. Gomez, J. Llinares, and F. Meseguer. Sound attenuation by sculpture. Nature 378 (1995).

[9] J.V. Sanchez-Perez, D. Caballero, R. Martinez-Sala, C. Rubio, J. Sanchez-Dehesa, F. Meseguer, J. Llinares, and F. Galvez. "Sound Attenuation by a Two-Dimensional Array of Rigid Cylinders". Phys. Rev. Lett., 80, 5325 (1998).

[10] J.O. Vasseur, P. A. Deymier, G. Frantziskonis, G. Hong, B. Djafari-Rouhani, and L. Dobrzynski. Experimental evidence for the existence of absolute acoustic band gaps in two-dimensional periodic composite media. J. Phys. Condens. Matter 10 (1998).

[11] F. R. Montero de Espinosa, E. Jimenez and M. Torres. "Ultrasonic Band Gap in a Periodic Two-Dimensional Composite". Phys. Rev. Lett. 80, 6 (1998).

[12] M.S. Kushwaha, P.Halevi, Ultrawideband Filter for Noise Control, Japan. J. Appl. Phys. 36, L1043 (1997)

[13] R. Martınez-Sala, C. Rubio, L.M. Garcıa-Raffi, J.V. Sanchez-Perez, E.A. Sanchez-Perez, J. Llinares, Control of noise by trees arranged like sonic crystals Journal of Sound and Vibration 291, 100–106 (2006).

[14] M. Sigalas, M.S. Kushwaha, E.N. Economou, M. Kafesaki, I. E. Psarobas, W. Steurer, classical vibrational modes in phononic lattices: theory and experiment, Z Kristallogr,220, 765-809 (2005).

[15] J. Page, S. Yang, M.L. Cowan, Z. Liu, C. T. Chan and P. Sheng, 3D PC in wave scaterring in complex media: from theory to applications , pp283-307, Kluwer academic publishers: Nato sciences series, Amsterdam 2003.

[16] Z.Y. Liu, X. Zhang, Y. Mao, Y.Y. Zhu, C. T. Chan, and P.Sheng, Science 289, 1734-1736 (2000).

[17] J. Mei, Z. Liu, W. Wen and P. Sheng, Effective Dynamic Mass Density of Composites, Phys. Rev. B 76, 134205 (2007).

J. Mei, Z. Liu, W. Wen and P. Sheng, Dynamic Mass Density and Acoustic Metamaterials, Physica B 394, 256-261 (2007).

J. Mei, Z. Liu, W. Wen and P. Sheng , Effective Mass Density of Fluid-Solid Composites, Phys. Rev. Lett. 97, 044501 (2006).

[18] Z. Liu, C. T. Chan and P. Sheng, Analytic Model of Phononic Crystals with Local Resonances, Phys. Rev. B71, 014103 (2005).

[19] Z. Yang, H. M. Dai, N. H. Chan, G. C. Ma and P. Sheng, Acoustic metamaterial panels for sound attenuation in the50–1000 Hz regime, Appl. Phys. Lett. 96, 041906 (2010).

[20] Y. Ding, Z. Liu, C. Qiu, J. Shi, Metamaterial with Simultaneously Negative Bulk Modulus and Mass Density PRL 99, 093904 (2007).

[21a] J. Li and C. T. Chan, Double-negative acoustic metamaterial, Phys.Rev. E 70, 055602(R) (2004).

[21b] X. Ao, C.Y. Chan, Complex band structures and effective medium descriptions of periodic acoustic composite systems, Phys.Rev.B 80, 235118 (2009). Negative group velocity from resonances in two-dimensional phononics crystals, Waves in Random and Complex Media, vol 20, No 2,276-288 (2010).

[22] X. Zhou, G. Hu, Analytic model of elastic metamaterials with local resonances, Phys. Rev. B 79, 195109 (2009).

[23] C. Goffaux, J.Sanchez-Dehesa, A.Levy Yeyati, Ph. Lambin, A. Khelif, J.O. Vasseur, B. Djafari-Rouhani, Evidence of Fano-Like Interference Phenomena in Locally Resonant Materials Phys Rev. Lett. 88, 225502 (2002)

Goffaux, C., Sanchez-Dehesa, J., Two-dimensional phononic crystals studied using a variational method: Application to lattices of locally resonant materials, Phys. Rev. B 67, 144301 (2003)

Goffaux, C. ; Maseri, F. ; Vasseur, J.O. ; Djafari-Rouhani, B. ; Lambin, Ph., Measurements and calculations of the sound attenuation by a phononic band gap structure suitable for an insulating partition application Appl. Phys. Lett. 83, 281 (2003)

[24] M. Hirsekorn, P.P. Delsanto, N.K. Batra, P. Matic, Modelling and simulation of acoustic wave propagation in locally resonant sonic materials, Ultrasonics 42, 231 (2004).

[25] Département de Physique et de Métrologie des oscillateurs de l'institut FEMTO-ST, *CNRS UMR 6174, 32 avenue de l'Observatoire, F-25044 Besançon, France.*

[26] Y. Pennec, B. Djafari-Rouhani, H. Larabi, J. Vasseur, A-C. Hladky-Hennion, Phononic crystals and manipulation of sound, Phys. Status Solidi C 6, No. 9, 2080–2085 (2009).

[27] S. Fan, P.R. Villeneuve, J.D. Joannopoulos, and H.A. Haus, Phys. Rev.Lett. 80, 960 (1998); S.Fan, P.R. Villeneuve, J.D. Joannopoulos, M.J.Khan, C. Manolatou, and H.A. Haus, Phys. Rev. B 59, 15882, (1999).

[28] B. Djafari-Rouhani, A. A. Maradudin and R. F. Wallis, Rayleigh waves on a superlattice stratified normal to the surface, Phys. Rev. B 29, 12, 6454-6462 (1984).

[29] Y. Tanaka and S. Tamura. Surface acoustic waves in two dimensional periodic elastic structures. Phys. Rev. B, 58, 7958(1998).

[30] Y. Tanaka, S. Tamura. Acoustic stop bands of surface and bulk modes in two-dimensional phononic lattices consisting of aluminum and a polymer". Phys. Rev. B, 60 13294 (1999).

[31] F. Meseguer, M. Holgado, D. Caballero, N. Benaches, J. Sanchez-Dehesa, C. Lopez, J. Llinares, Rayleigh wave attenuation by a semi infinite two dimensional elastic band gap crystal. Phys. Rev. B,59,12169 (1999).

[32] R.E. Vines, J.P. Wolfe, A.V.Every, Scanning phononic lattices with ultrasound. Phys.Rev B,60,11871 (1999).

[33] V. Laude, M. Wilm, S. Benchabane, and A. Khelif. "Full band gap for surface acoustic waves in a piezoelectric phononic crystal". Phys.Rev, E 71 (2005).

[34] T.T. Wu, L.C. Wu, Z.G. Huang. Frequency bandgap measurement of two-dimensional air/silicon phononic crystals using layered slanted finger interdigital transducers. J. Appl. Phys.97, 119 (2005).

[35] S. Benchabane, A. Khelif, J.-Y. Rauch, L. Robert, and V. Laude. "Evidence for complete surface wave band gap in a piezoelectric phononic crystal".PRE 73 065601(R) (2006).

[36] J.C. Hsu and T.T. Wu. Efficient formulation for band-structure calculations of two-dimensional phononic-crystal plates. Phys. Rev. B 74,144303, (2006).

[37a] X. Zhang, T. Jackson, E. Lafond, P. Deymier, and J.O. Vasseur. Evidence of surface acoustic wave band gaps in the phononic crystals created on thin plates. Appl. Phys. Lett., 88:041911 (2006).

[37b] J. O. Vasseur, P. A. Deymier, B. Djafari-Rouhani, and Y. Pennec, Proceedings of IMECE 2006, ASME International Mechanical Engineering Congress and Exposition, Chicago, Illinois, 5–10, November 2006.

[38] A. Khelif, B. Aoubiza, S. Mohammadi, A. Adibi, and V. Laude. "Complete band gaps in two-dimensional phononic crystal slabs". Phys. Rev. E, 74 (2006).

[39] J. Gao, J.C. Cheng, and B. Li. "Propagation of Lamb waves in one dimensional quasiperiodic composite thin plates: A split of phonon band gap".

Appl. Phys. Lett., 90:111908 (2007).

[40] B. Bonello, C. Charles, and F. Ganot. "Lamb waves in plates covered by a two-dimensional phononic film". Appl. Phys. Lett., 90 (2007).

[41] B. Morvan, A. Hladky-Hennion, D. Leduc, and J. Izbicli, J.Appl. Phys. 101, 14906 (2007).

[42] S. Mohammadi, A. A. Eftekhar, A. Khelif, W. D. Hunt, and A.Adibi, Appl. Phys.Lett. 92, 221905 (2008).

[43] T.-T. Wu, Z.-G. Huang, T.-C. Tsai, and T.-C. Wu, Evidence of complete band gap and resonances in a plate with periodic stubbed surface, Appl. Phys.Lett. 93, 111902 (2008).

[44] Y. Pennec, B. Djafari-Rouhani, H. Larabi, J. O. Vasseur, and A.C. Hladky-Hennion, Phys. Rev. B 78, 104105 (2008).

[45] Y. Pennec, B. Djafari Rouhani, H. Larabi, A. Akjouj, J. N. Gillet, J. O. Vasseur, and G. Thabet, Phonon transport and waveguiding in a phononic crystal made up of cylindrical dots on a thin homogeneous plate, Phys.Rev.B 80, 144302 (2009).

[46] J.H. Sun, T. T. Wu, Guided Surface Acoustic Waves in Phononic Crystal Waveguides, IEEE 673 Ultrasonics Symposium, 1051-0117 (2006).

[47] T.W. Ebbesen, , H. J. Lezec, H. F. Ghaemi, , T. Thio, P. A. Wolff, Extraordinary optical transmission through subwavelength hole arrays. Nature 391, 667–669 (1998).

[48] J. Christensen, A. I. Fernandez-Dominguez, F. DE Leon-Perez, L. Martin-Moreno and F. J. Garcia-Vidal, Collimation of sound assisted by acoustic surface waves, nature physics, vol3, December 2007. Enhanced acoustical transmission and beaming effect through a single aperture, Phys.Rev.B 81, 174104 (2010).

[49] M.H. Lu, X.K. Liu, L. Feng, J. Li, C. P. Huang, Y.F. Chen, Y.Y. Zhu, S.N. Zhu, N.B. Ming, Extraordinary Acoustic Transmission through a 1D Grating with Very Narrow Apertures, PRL 99, 174301 (2007)

[50] D. Zhao, Z. Liu, C. Qiu, Z. He, F. Cai, M. Ke, Surface acoustic waves in two-dimensional phononic crystals: Dispersion relation and the eigenfield distribution of surface modes, P.R.B 76, 144301 (2007)

[51] B. Djafari-Rouhani, Y. Pennec, H. Larabi, Proc. SPIE, Vol. 7223 (Photonic and Phononic Crystal Materials and Devices IX), 72230F (2009). Ibidem IUTAM Symposium on Recent Advances of Acoustic Waves in Solids, Taipei, May 2009; Springer IUTAM Book Series, Volume 26, 2010, Edited by T.-T. Wu and C.-C. Ma, pages 127-138.

[52] F. Cervera, L. Sanchis, J.V. Sánchez-Pérez, R. Martínez-Sala, C. Rubio, and F. Meseguer, C. López, D. Caballero and J. Sánchez-Dehesa, Refractive Acoustic Devices for airborne Sound. Phys.Rev. lett., 88, 023902.(2002).

[53] S. Yang, J. H. Page, Z. Liu, M. L. Cowan, C.T. Chan, and P. Sheng, Focusing of sound in a 3D Phononic crystal. Phys. Rev. Lett. 93, 024301 (2004)

[54] X. Zhang, Z. Liu, negative refraction of acoustic waves in 2D phononic crystals. Appl. Phys. Lett., 85, 341 (2004).

[55] A. Sukhovich, B. Merheb, K. Muralidharan, J. O. Vasseur, Y. Pennec, P. A. Deymier, and J. H. Page, Experimental and Theoretical Evidence for Subwavelength Imaging in Phononic Crystals, Phys.Rev.Lett.102, 154301 (2009).

[56] J. Zhu, J. Christensen, J. Jung, L. Martin-Moreno, X. Yin, L. Fok, X. Zhang and F. J. Garcia-Vidal, A holey-structured metamaterial for acoustic deep-subwavelength imaging, Nature Physics letters HYS1804 DOI: 10.1038 (2010).

[57] X.Hu, Y. Shen, X. Liu, R. Fu, J. Zi, Superlensing effect in liquid surface waves. Phys. Rev. E, 69, 030201 (2004)

[58] D. Torrent, J. Sánchez-Dehesa, Acoustic metamaterials for new two-dimensional sonic devices, New J. Phys. 9, 323 (2007).

[59] V.G. Veselago, The electrodynamics of substances with simultaneously negative values of ε and μ. Soviet Physics Uspekhi, 10(4):509-514. 1968

[60] Pendry J.B., Negative refraction makes a perfect lens. Phys. Rev. Lett., 85(18):3966-3969 (2000).

Pendry J.B., Holden A.J., Robbins D.J., Stewart W.J.,. Magnetism from conductors and enhanced nonlinear phenomena. IEEE Trans. Microwave Theory Tech., 47:2075-2084 (1999).

[61] R.A.Shelby, D.R. Smith, S. Schultz, 2001. Experimental verification of a negative index of refraction. Science, 292:77-79. D. R. Smith, W. J. Padilla, D. C. Vier, S.C. Nemat-Nasser, and S. Schultz, Phys. Rev. Lett. 84, 4184 (2000).

D. R. Smith and N. Kroll, Phys. Rev. Lett. 85, 2933 (2000). R. A. Shelby, D.R. Smith, S. C. Nemat-Nasser, and S. Schultz, Appl. Phys. Lett. 78, 489 (2001).

[62] S. A Cummer and D. Schurig, One path to acoustic cloaking, New Journal of Physics 9, 45 (2007).

[63] H.H. Huang , C.T. Sun , G.L. Huang, On the negative effective mass density in acoustic metamaterials, International Journal of Engineering Science 47, 610–617 (2009).

[64] N. Fang, D. J. Xi, J.Y. Xu, M. Ambati, W. Sprituravanich, C. Sun, and X. Zhang, Ultrasonic metamaterials with negative modulus, Nature Mater. 5, 452 (2006).

[65] Y. Ding, Z. Liu, C. Qiu, J. Shi, Metamaterial with Simultaneously Negative Bulk Modulus and Mass Density. Phys.Rev.Lett 99, 093904 (2007).

[66] S. Zhang, L. Yin, N. Fang, Focusing Ultrasound with an Acoustic Metamaterial Network, Phys.Rev.Lett. 102, 194301 (2009).

[67] Y. El Hassouani, C. Li, Y. Pennec, E. H. El Boudouti, H. Larabi, A. Akjouj, O. Bou Matar, V. Laude, N. Papanikolaou, A. Martinez et B.Djafari Rouhani. Dual phononic and photonic band gaps in a periodic array of pillars deposited on a thin plate, PHYSICAL REVIEW B 82, 155405 (2010).

[68] K. Yee, Numerical solution of initial boundary value problems involving maxwell's equations in isotropic media. IEE trans. Antennas propagate, 14, 302 (1966).

[69] A. Taflove and S. C. Hangess, the finite-Difference Time-Domain Method. Artech House , Boston (1998).

[70] G. Mur, IEEE Trans. Electromagn. Compat. 23, 377 (1981).

[71] J. Berenger, J. Comput. Phys. 144, 185 (1994).

[72] Encyclopedia of Polymer Science and Engineering, 2nd ed._Wiley-Interscience, New York, 1987.

[73] Ph. Lambin, A. Khelif J. O. Vasseur, L. Dobrzynski, and B. Djafari-Rouhani, Stopping of acoustic waves by sonic polymer-fluid composites. Phys. Rev. E 63, 066605 (2001).

[74] A. M. Nicolson et G. F. Ross, Measurement of the intrinsic properties of materials by time-domain techniques, IEEE Transactions on Instrumentation and Measurement, vol. IM-19 No. 4, p. 377-382, 1970.180.

[75] W. B. Weir, Automatic measurement of complex dielectric constant and permeability at microwave frequencies, Proceedings of the IEEE, vol. 62 No. 1, p. 33 - 36, 1974.

[76] V.Fokin, M. Ambati, C. Sun, X. Zhang. Method for retrieving effective properties of locally resonant acoustic metamaterials, Phys. Rev. B 76, 144302 (2007).

[77] J. Vasseur, A. C. Hladky-Hennion, P. A. Deymier, B. Djafari-Rouhani, F. Duval, B. Dubus, Y. Pannec. Journal of Physics: Conference Series 92, 012111 (2007). J. Vasseur, P. A. Deymier, B. Djafari-Rouhani, Y. Pennec, and A. -C. Hladky-Hennion. Absolute forbidden bands and waveguiding in two-dimensional phononic crystal plates, Phys. Rev. B77, 085415 (2008).

[78] J.C. Hsu, T. T. Wu. Efficient formulation for band-structure calculations of two-dimensional phononic-crystal plates, Phys.Rev. B 74, 144303 (2006).

[79] Z. Hou, B. M. Assouar. Opening a band gap in the free phononic crystal thin plate with or without a mirror plane, J. Phys.D: Applied physics 41, 215102 (2008).

[80] A. Khelif, B. Djafari-Rouhani, J. O. Vasseur, P. A. Deymier, Ph. Lambin, L. Dobrzynski. Transmittivity through straight and stublike waveguides in a two-dimensional phononic crystal, Phys. Rev. B 65, 174308 (2002).

[81] M. Oudich, Y. Li, B. M. Assouar, Z. Hou. A sonic band gap based on the locally resonant phononic plates with stubs, New Journal of Physics 12 083049(2010).

[82] A. Khelif, Y. Achaoui, S. Benchabane, V. Laude, B. Aoubiza. Locally resonant surface acoustic wave band gaps in a two-dimensional phononic crystal of pillars on a surface, PHYSICAL REVIEW B 81, 214303 (2010).

[83] Y. Pennec, B. Djafari-Rouhani, E. H. El Boudouti, C. Li, Y. El Hassouani, J. O. Vasseur, N. Papanikolaou, S. Benchabane, V. Laude, A. Martinez. Simultaneous existence of phononic and photonic band gaps in periodic crystal slabs, Opt. Express 18, 14301 (2010).

Annexe A : Code FDTD pour programme 3D.

$u_x(i, j, k)$, $u_y(i+½, j+½, k)$, $u_z(i+½, j, k+½)$, $\sigma_{1,2,3}(i+½, j, k)$,

$\sigma_4(i+½, j+½, k+½)$, $\sigma_5(i, j, k+½)$, $\sigma_6(i, j+½, k)$.

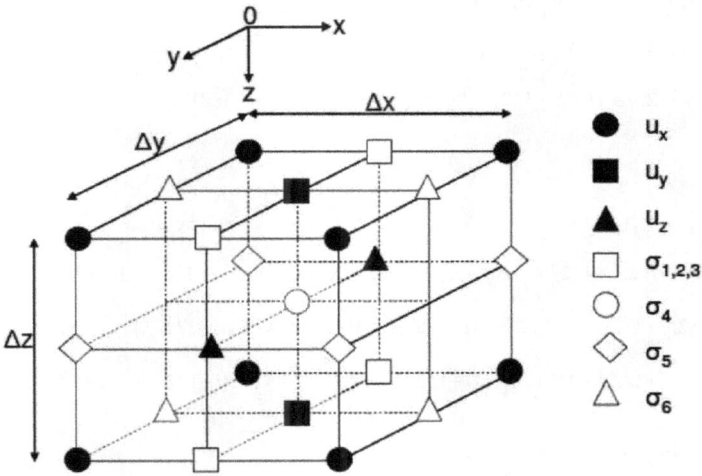

Ces équations deviennent :

$$\frac{\rho(i, j+1/2, k+1/2)}{\Delta t}\left[v_x^{l+1}(i, j+1/2, k+1/2) - v_x^{l}(i, j+1/2, k+1/2)\right] =$$

$$K_1^+ \sigma_1(i+1/2, j+1/2, k+1/2) + K_1^- \sigma_1(i-1/2, j+1/2, k+1/2)$$

$$+ K_2^+ \sigma_6(i, j+1, k+1/2) + K_2^- \sigma_6(i, j, k+1/2)$$

$$+ K_3^+ \sigma_5(i, j+1/2, k+1) + K_3^- \sigma_5(i, j+1/2, k)$$

avec

$$K_1^{\pm} = (ikx\Delta x \pm 2)/(2\Delta x), K_2^{\pm} = (iky\Delta y \pm 2)/(2\Delta y), K_3^{\pm} = (ikz\Delta z \pm 2)/(2\Delta z)$$

De même

$$\frac{\rho(i+1/2, j, k+1/2)}{\Delta t}\left[v_y^{l+1}(i+1/2, j, k+1/2) - v_y^l(i+1/2, j, k+1/2)\right] =$$

$$K_1^+ \sigma_6(i+1, j, k+1/2) + K_1^- \sigma_6(i, j, k+1/2)$$

$$+ K_2^+ \sigma_2(i+1/2, j+1, k+1/2) + K_2^- \sigma_2(i+1/2, j-1/2, k+1/2)$$

$$+ K_3^+ \sigma_4(i+1/2, j, k+1) + K_3^- \sigma_4(i+1/2, j, k)$$

$$\frac{\rho(i+1/2, j+1/2, k)}{\Delta t}\left[v_z^{l+1}(i+1/2, j+1/2, k) - v_z^l(i+1/2, j+1/2, k)\right] =$$

$$K_1^+ \sigma_5(i+1, j+1/2, k) + K_1^- \sigma_5(i, j+1/2, k)$$

$$+ K_2^+ \sigma_4(i+1/2, j+1, k) + K_2^- \sigma_4(i+1/2, j, k)$$

$$+ K_3^+ \sigma_3(i+1/2, j+1/2, k+1/2) + K_3^- \sigma_3(i+1/2, j+1/2, k-1/2)$$

$$\sigma_1(i+1/2, j+1/2, k+1/2) =$$

$$C_{11}(i+1/2, j+1/2, k+1/2)\left[K_1^+ ux(i+1, j+1/2, k+1/2) + K_1^- ux(i, j+1/2, k+1/2)\right]$$

$$+ C_{12}(i+1/2, j+1/2, k+1/2)\left[K_2^+ uy(i+1/2, j+1, k+1/2) + K_2^- uy(i+1/2, j, k+1/2)\right]$$

$$+ C_{13}(i+1/2, j+1/2, k+1/2)\left[K_3^+ uz(i+1/2, j+1/2, k+1) + K_3^- uz(i+1/2, j+1/2, k)\right]$$

$$\sigma_2(i+1/2, j+1/2, k+1/2) =$$

$$C_{12}(i+1/2, j+1/2, k+1/2)\left[K_1^+ ux(i+1, j+1/2, k+1/2) + K_1^- ux(i, j+1/2, k+1/2)\right]$$

$$+ C_{22}(i+1/2, j+1/2, k+1/2)\left[K_2^+ uy(i+1/2, j+1, k+1/2) + K_2^- uy(i+1/2, j, k+1/2)\right]$$

$$+ C_{23}(i+1/2, j+1/2, k+1/2)\left[K_3^+ uz(i+1/2, j+1/2, k+1) + K_3^- uz(i+1/2, j+1/2, k)\right]$$

$$\sigma_3(i+1/2, j+1/2, k+1/2) =$$

$$C_{13}(i+1/2, j+1/2, k+1/2)\left[K_1^+ ux(i+1, j+1/2, k+1/2) + K_1^- ux(i, j+1/2, k+1/2)\right]$$

$$+ C_{23}(i+1/2, j+1/2, k+1/2)\left[K_2^+ uy(i+1/2, j+1, k+1/2) + K_2^- uy(i+1/2, j, k+1/2)\right]$$

$$+ C_{33}(i+1/2, j+1/2, k+1/2)\left[K_3^+ uz(i+1/2, j+1/2, k+1) + K_3^- uz(i+1/2, j+1/2, k)\right]$$

$$\sigma_4(i+1/2, j, k) = C_{44}(i+1/2, j, k)$$

$$\left[\begin{array}{l} K_3^+ uy(i+1/2, j, k+1/2) + K_3^- uy(i+1/2, j, k-1/2) \\ +K_2^+ uz(i+1/2, j+1/2, k) + K_2^- uz(i+1/2, j-1/2, k) \end{array} \right]$$

$$\sigma_5(i, j+1/2, k) = C_{55}(i, j+1/2, k)$$

$$\left[\begin{array}{l} K_3^+ ux(i, j+1/2, k+1/2) + K_3^- ux(i, j+1/2, k-1/2) \\ + K_1^+ uz(i+1/2, j+1/2, k) + K_1^- uz(i-1/2, j+1/2, k) \end{array} \right]$$

$$\sigma_6(i, j, k+1/2) = C_{66}(i, j, k+1/2)$$

$$\left[\begin{array}{l} K_2^+ ux(i, j+1/2, k+1/2) + K_2^- ux(i, j-1/2, k+1/2) \\ + K_1^+ uy(i+1/2, j, k+1/2) + K_1^- uy(i-1/2, j, k+1/2) \end{array} \right]$$

Annexes

Annexes B : Liste des publications, conférences...

Publications :

1. Y. Pennec, B. Djafari-Rouhani, J. Vasseur, **H. Larabi**, A. Khelif, A. Choujaa, S. Benchabane, V. Laude, 'Channel drop process of elastic wave in a two dimensional phononic crystal', IEEE Ultrasonics Symposium **1**, 69 (2005).

2. Y. Pennec, B. Djafari-Rouhani, J.O. Vasseur, **H. Larabi**, A. Khelif, A. Choujaa, S. Benchabane, V. Laude, 'Acoustic channel drop tunnelling in a phononic crystal', Appl. Phys. Lett. **87**, 261912 (2005).

3. H. Larabi, Y. Pennec, B. Djafari-Rouhani, and J. O. Vasseur, 'Locally resonant phononic crystals with multilayers cylindrical inclusions', Journal of Physics C **92**, 012112 (2007).

4. H. Larabi, Y. Pennec, B. Djafari-Rouhani, and J. O. Vasseur, '*Multicoaxial cylindrical inclusions in locally resonant phononic crystals'*, Phys. Rev. E **75**, 066601 (2007).

5. Y. Pennec, B. Djafari-Rouhani, **H. Larabi**, J.O. Vasseur, and A.-C. Hladky-Hennion, 'Low frequency gap in a phononic crystal constituted of cylindrical dots deposited on a thin homogeneous plate', Phys. Rev. B **78**, 104105 (2008).

6. Y. Pennec, B. Djafari Rouhani, **H. Larabi**, A. Akjouj, J. N. Gillet, J. O. Vasseur, and G. Thabet, 'Phonon transport and waveguiding in a phononic crystal made up of cylindrical dots on a thin homogeneous plate', Phys. Rev. B **80**, 144302 (2009).

7. Y. Pennec, B. Djafari-Rouhani, **H. Larabi**, J. Vasseur, and A.-C. Hladky-Hennion, 'Phononic crystals and manipulation of sound', Phys. Status Solidi C **6**, 2080 (2009); Journal Cover.

8. Y. Pennec, B. Djafari Rouhani, **H. Larabi** et al, Band structure and phonon transport in a phononic crystal made of a periodic array of dots on a membrane IUTAM Symposium on Recent Advances of Acoustic Waves in Solids, Taipei, 25-28 May 2009, SpringerScience.

9. B. Djafari Rouhani, Y. Pennec, **H. Larabi**. Band structure and wave guiding in a phononic crystal constituted by a periodic array of dots deposited on a homogeneous plate Proc. SPIE, Vol. *7223 *(Photonic and Phononic Crystal Materials and Devices IX), 72230F (2009); DOI:10.1117/12.816985.

10. Y. El Hassouani, C. Li, Y. Pennec, E. H. El Boudouti, **H. Larabi**, A. Akjouj, O. Bou Matar, V. Laude, N. Papanikolaou, A. Martinez, and B. Djafari Rouhani, 'Dual phononic and photonic band gaps in a periodic array of pillars deposited on a thin plate', Phys. Rev. B **82**, 155405 (2010).

Communications orales :

1. Y. Pennec, B. Djafari-Rouhani, J.O. Vasseur, **H. Larabi**, A. Khelif, V. Laude, 'Modélisation par différence finie (FDTD) de la propagation dans les cristaux phononiques', GDR ondes (thématique 1), 17 mai 2005, Institut Henri Poincaré, Paris

2. Y. Pennec, B. Djafari-Rouhani, J. Vasseur, **H. Larabi**, A. Khelif, A. Choujaa, S. Benchabane, V. Laude, 'Channel drop process of elastic wave in a two dimensional phononic crystal', IEEE International Ultrasonics symposium, September 18-21 2005, Rotterdam, The Netherland.

3. Y. Pennec, B. Djafari-Rouhani, J.O. Vasseur, **H. Larabi**, Y. Tinel, 'Etude par la méthode FDTD de la propagation des ondes acoustiques dans les cristaux phononiques', Journée de calcul intensif, CRI, Septembre 2005, Villeneuve d'Ascq

4. H. Larabi, Y. Pennec , B. Djafari-Rouhani, J.O. Vasseur, 'Multi-coaxial cylindrical inclusions in locally resonant phononic crystals', Phonons 2007, 12th International Conference on Phonon Scattering in Condensed Matter, 15-20 July, Paris, France

5. Y. Pennec, **H. Larabi**, B. Djafari-Rouhani, J.O. Vasseur, 'Etude des bandes interdites basses fréquences dans des cristaux phononiques multicouches', Journées thématiques sur la simulation multiphysique de composants et dispositifs nanométriques 6 et 7 décembre 2007, Institut d'électronique, de microélectronique et de nanotechnologie (Villeneuve d'Ascq), GDR nanoélectronique

6. Y. Pennec, H Larabi, B Djafari-Rouhani, 'Band gaps in a phononic crystal constituted by cylindrical dots on a homogeneous plate', J. Acoust. Soc. Am. Volume 123, Issue 5, p. 3041 (2008).

7. Djafari-Rouhani B., Y. Pennec, **Larabi H.**, Vasseur J., Hladky A.C., 'Band gaps in a phononic crystal constituted by cylindrical dots on a homogeneous plate', ACOUSTICS'08, Paris, France, june 29-july 4, 2008

8. Y. Pennec, B. Djafari-Rouhani, **H. Larabi**, J. Vasseur and A.-C. Hladky-Hennion, 'Band gaps in a phononic crystal constituted by cylindrical dots on a homogeneous plate', Anglo-French Physical Acoustics Conference, Arcachon, 8-10 December 2008

9. B. Djafari-Rouhani, Y. Pennec, **H. Larabi**, 'Band structure and wave guiding in a phononic crystal constituted by a periodic array of dots deposited on a homogeneous plate', SPIE Photonics West, 19 Jan 2008 - 24 Jan 2008, San Jose, California, United States.

10. B. Djafari-Rouhani, Y. Pennec, **H. Larabi**, 'Band structure and phonon transport in a phononic crystal made of a periodic array of dots on a membrane', First International Workshop on Phononic crystal (PnC) Materials, Devices, and Applications Nice, France, June 24-26, 2009

11. Djafari-Rouhani B., Pennec Y., **Larabi H.**, 'Band structure and phonon transport in a phononic crystal made of a periodic array of dots on a membrane', IUTAM Symposium on Recent Advances of Acoustic Waves in Solids, Taipei, Taiwan, may 25-28, 2009

12. Djafari-Rouhani B., Pennec Y., **Larabi H.**, 'Band structure and wave guiding in a phononic crystal constituted by a periodic array of dots deposited on a homogeneous plate', SPIE Photonic West, Photonic and Phononic Crystal Materials and Devices IX, San Jose, CA, USA, january 27-29, 2009, Proc. SPIE, 7223, 72230F-1-10

13. H. Larabi, B. Djafari-Rouhani, Y. Pennec, 'Dispersion, guidage et transport des phonons dans un cristal phononique constitué de plots déposés sur une plaque', 12èmes Journées de la Matière Condensée, Université de technologie de Troyes, 23 - 27 août 2010.

14. B. Djafari-Rouhani, **H. Larabi**, C. Li, Y. El Hassouani , Y. Pennec, A. Akjouj, 'Engineering of the Band gaps and transmissions in Phononic and phoxonic Crystal Slabs and Waveguides', International Conference on Phononic Crystals, Metamaterials and Optomechanics, Santa Fe, New Mexico, USA, May 29-June 2, 2011.

Communications par affiche :

1. Y. Pennec, B. Djafari-Rouhani, J. Vasseur, **H. Larabi**, A. Khelif, A. Choujaa, S. Benchabane, V. Laude, transfert d'ondes acoustiques entre deux guides parallèles dans un cristal phononique à deux dimensions, GDR ondes (thématique 2), 23-24 juin 2005, Institut Fresnel, Marseille

2. H. Larabi, Y. Pennec, Jérôme Vasseur, Bahram Djafari-Rouhani, Etude des Cristaux Phononiques pour les guides, les filtres et les miroirs acoustiques, SFP-BPS, congrès général, 29 août 3 septembre 2005, Lille

3. H. Larabi, Y. Pennec, B. Djafari-Rouhani, J.O. Vasseur, Etude des gaps basses fréquences dans les Cristaux Phononiques, Journées de la Matière Condensée, Toulouse, 28/08-01/09 2006

4. Y. Pennec, B. Djafari Rouhani, **H. Larabi**, A. Akjouj, J-N Gillet, J. Vasseur and G. Thabet, 'Band Structure and Wave Guiding in a Phononic Crystal Made up of Cylindrical Dots on a Slab', MRS Fall Meeting November 30 - December 4, (2009) Boston, MA

5. B. Djafari-Rouhani, **H. Larabi**, C. Li, Y. El Hassouani , Y. Pennec, A. Akjouj, 'Bandes interdites et guidage dans des cristaux phononique et photonique de dimensions finies', 12èmes Journées de la Matière Condensée, Université de technologie de Troyes, 23 au 27 août 2010.

Annexes

Abstract:

This thesis is devoted to the study of some new properties of phononic crystals and acoustics metamaterials. Most of simulations were carried out using F.D.T.D. method. A preliminary part was devoted to the study of the existence of gaps in a 2D phononic crystal made up of steel cylinders in water and in particular an original application to demultiplexing. In this work, we are more particularly interested by a phononic crystal with localized resonances displaying several low frequencies gaps well below the Bragg gap. The studied crystal consists of concentric cylinders having different elastic constants, immersed in a fluid matrix. It presents several zeros of transmission at low frequencies whose behaviors were studied as a function of the physical and geometrical parameters. We showed how to widen these zeros of transmission to obtain prohibited gaps. We calculated effective parameters around a resonance and showed the possibility of negative effective mass. The last part of this work is devoted to the study of an original 3D structure, consisted of pillars deposited on a thin plate, which makes it possible to obtain the opening of a very low frequency gap compared to the Bragg gap. We studied the conditions of existence of the forbidden bands as well as guiding and filtering properties of this structure. Finally, we studied the transmission between two substrates across a periodic array of pillars. We highlighted an enhanced transmission, associated to a Fano resonance.

Key words: Phononics crystals, FDTD method, localized resonances, acoustics metamaterials, filtering, demultiplexing, effective parameters, enhanced transmission.

Résumé :

Cette thèse est consacrée à l'étude de certaines propriétés nouvelles des cristaux phononiques et des métamatériaux acoustiques. La plupart des simulations numériques a été réalisée à l'aide de la méthode F.D.T.D. Une partie préliminaire a porté sur l'existence de bandes interdites dans un cristal phononique 2D constitué de cylindres d'acier dans l'eau et notamment une application originale au démultiplexage. Dans ce travail, nous nous sommes plus particulièrement intéressés au cas d'un cristal phononique à résonances localisées présentant de multiples gaps basses fréquences, nettement en dessous du gap de Bragg. Le cristal étudié est constitué de cylindres concentriques de matériaux ayant des constantes élastiques très différentes, immergés dans une matrice fluide. Il présente plusieurs zéros de transmission basses fréquences dont on a étudié les comportements en fonction des paramètres physiques et géométriques. Nous avons montré comment élargir ces zéros de transmission pour obtenir des bandes de fréquences interdites. Nous avons calculé les paramètres effectifs autour d'une résonance et montré que la masse effective pouvait devenir négative sur une certaine gamme de fréquence. La dernière partie de ce travail est consacrée à l'étude d'une structure originale 3D, constituée de piliers déposés sur une plaque fine, qui permet d'obtenir l'ouverture d'un gap très basse fréquence par rapport au gap de Bragg. Nous avons étudié les conditions d'existence des bandes interdites ainsi que certaines propriétés de guidage et de filtrage. Enfin, nous avons étudié la transmission entre deux substrats par l'intermédiaire d'un réseau périodique de piliers. Nous avons mis en évidence une transmission exaltée, associée à une résonance de Fano.

Mots clés : Cristaux phononiques, méthode FDTD, résonances localisées, métamatériaux acoustiques, filtrage, démultiplexage, paramètres effectifs, transmission exaltée.

Résumé :

Cette thèse est consacrée à l'étude de certaines propriétés nouvelles des cristaux phononiques et des métamatériaux acoustiques. La plupart des simulations numériques a été réalisée à l'aide de la méthode F.D.T.D. Une partie préliminaire a porté sur l'existence de bandes interdites dans un cristal phononique 2D constitué de cylindres d'acier dans l'eau et notamment une application originale au démultiplexage. Dans ce travail, nous nous sommes plus particulièrement intéressés au cas d'un cristal phononique à résonances localisées présentant de multiples gaps basses fréquences, nettement en dessous du gap de Bragg. Le cristal étudié est constitué de cylindres concentriques de matériaux ayant des constantes élastiques très différentes, immergés dans une matrice fluide. Il présente plusieurs zéros de transmission basses fréquences dont on a étudié les comportements en fonction des paramètres physiques et géométriques. Nous avons montré comment élargir ces zéros de transmission pour obtenir des bandes de fréquences interdites. Nous avons calculé les paramètres effectifs autour d'une résonance et montré que la masse effective pouvait devenir négative sur une certaine gamme de fréquence. La dernière partie de ce travail est consacrée à l'étude d'une structure originale 3D, constituée de piliers déposés sur une plaque fine, qui permet d'obtenir l'ouverture d'un gap très basse fréquence par rapport au gap de Bragg. Nous avons étudié les conditions d'existence des bandes interdites ainsi que certaines propriétés de guidage et de filtrage. Enfin, nous avons étudié la transmission entre deux substrats par l'intermédiaire d'un réseau périodique de piliers. Nous avons mis en évidence une transmission exaltée, associée à une résonance de Fano.

Mots clés : Cristaux phononiques, méthode FDTD, résonances localisées, métamatériaux acoustiques, filtrage, démultiplexage, paramètres effectifs, transmission exaltée.

www.ingramcontent.com/pod-product-compliance
Lightning Source LLC
Chambersburg PA
CBHW021059210326
41598CB00016B/1259